AI、IoTを成功に導く
データ前処理の極意

日立産業制御ソリューションズ
AI＆ビッグデータソリューションセンタ

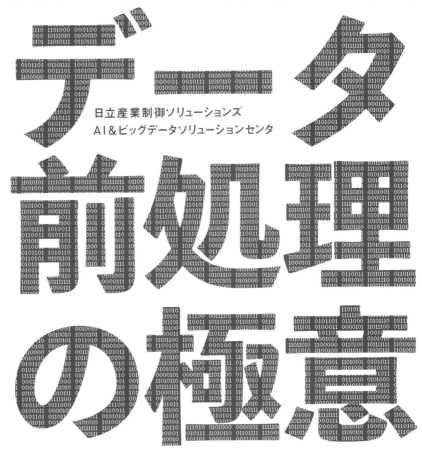

日経BP社

はじめに

　情報技術（ICT：Information and Communication Technology）の急速な発展は、企業の経営活動の仕組み、いわゆる、ビジネスモデルを変革しつつあります。特に、IoT（Internet of Things）、AI（Artificial Intelligence）やビッグデータ解析といった技術を活用すると、個別に行われてきた企業活動がネットワークでつながることにより、今までにない新しい価値を創造する可能性があるといえるでしょう。

　実際、ドイツではインダストリー4.0（Industrie 4.0）と呼ばれる国家プロジェクトによって、製造業のデジタル化が進んでいます。インダストリー4.0では、デジタル化された工場「スマートファクトリ（Smart Factory）」によって生産を自動化し、大幅なコスト削減と生産性向上を目指しています。なかでも、生産設備の予防保全は生産性向上の重要なポイントとして報告されています。

　スマートファクトリでは、IoTの導入によって機器の稼働情報や設置場所の環境情報などをビッグデータとして集めます。このデータをAIに入力することで、機器のパフォーマンスの低下などの予兆を見つけ、的確な設備保全ができるようになります。

　このような製造業における設備保全は一例ですが、様々な企業でIoTの導入が進み、ビッグデータやAIの活用範囲が拡大しています。例えば、製造業では不良分析による製品品質の向上、熟練技術者が持つノウハウのデジタル化による技能伝承などが挙げられます。このように、AIの活用範囲が拡大するにつれて、IoTで発生するビッグデータのAIへの入力データとしての重要性が増しています。

　それでは、従来の情報システムが扱っていたデータとビッグデータの違いはなんでしょうか。ビッグデータの特徴を示す言葉として、よく言われるのが3V、すなわち、「Variety（多様性）」、「Volume（容量）」、「Velocity（発生頻度）」です。これらの三つの特徴につい

て、従来の情報システムで扱っているデータとの違いを見てみます。

　Varietyは、データの多様性です。従来の情報システムで扱うデータは、ほとんどがテキストデータと数値データのみでした。そうしたデータは、画面からデータ入力する際に、誤りや漏れ、不足、矛盾などがチェックされ、見ただけで意味が分かるデータとして蓄積されているものです。

　一方、ビッグデータでは、テキストデータや数値データに加え、生産設備からの運転データや各種センサーからのデータなども扱います。これらのデータは単なる数字の羅列である場合が多く、それ自体を見ても、データの意味が分かりにくいものです。さらに、通信や電源の異常による欠損値や振動による異常値などを含む、欠陥だらけのデータになりがちです。

　こうしたデータをそのままAIに入力しても、期待した効果は得られません。そこで、AIが扱うビッグデータに関しても、従来と同じように、誤りや漏れ、不足、矛盾などがないかをチェックする「前処理」が必要であると考えています。

　Volumeはデータの容量です。これに関しては、改めて言うまでもないでしょう。ビッグデータは、従来の情報システムではほとんど扱うことがなかった、テラバイトやペタバイト級の巨大なデータ量を扱うとされています。一般に、「AIは大量のデータによって学習していく。そのため、データが集まれば集まるほどうまく機能する」と言われています。しかし、AIに同じようなデータを大量に与えても、AIは学習しません。これは、AIを算数の計算を理解しようとしている小学生にたとえてみるとよく分かります。足し算を理解させるために「1+1=2」というところから学習します。しかし、いったん「a+b=c」という足し算の仕組みを理解したら、aやbにどれだけ多くの種類のデータを与えても、足し算はできますが、引き算やかけ算、割り算を学習することはありません。したがって、AIにとって同じような意味を持つデータは削減し、新たな学習を

するような特徴のあるデータを残すほうがよいのです。このように AIに与えるデータを圧縮するような前処理によって、ビッグデータの容量を削減できます。

　Velocityは、データの発生頻度です。従来の情報システムが画面に向かって人間がデータ入力していたのに比べ、センサーなどから入力されるビッグデータは比較にならない頻度で生成されています。これらのすべてのデータを分析対象にする必要があるのかは疑問です。例えば、ある機器の状態を表す「ONまたはOFF」のデータは状態変化があるまで、ずっと同じデータが続くはずです。また、温度センサーからのデータもある許容範囲で変化がなければ、同じデータと捉えることが妥当です。このようにビッグデータを捉えると、データの発生頻度ではなく、データの変化点を捉えることが重要だと分かります。このように、高頻度に発生するデータをそのままAIに与えるのではなく、データの変化点を捉える前処理が必要なのです。

　つまり、ビッグデータを扱うにはデータの前処理がとても重要になります。データの前処理によって、ビッグデータは特徴を捉えたデータの集合、かつ必要最小限のデータ容量になります。有り余るほどのコンピューターの処理能力とデータの記憶容量を使ったAIの応用事例が数多く報告されています。しかし、それは本当に最適なAI活用方法なのかという疑問から本書は生まれました。我々が提唱するデータの前処理によって、もっと効率的にデータが利活用でき、もっと有用的にAIが活用できると確信しています。

　本書は、株式会社 日立産業制御ソリューションズ AI＆ビッグデータソリューションセンタが取り組んできた、IoTで生まれるビッグデータをAIに与えるためのデータの前処理に関する実践的なノウハウを事例に基づいてまとめたものです。なお、本書ではデータの価値を高めるという意味を込めて、データの前処理をデータバリューアップと呼んでいます。

データバリューアップの基本は、業務の視点でデータを把握することです。ビッグデータ分析には、必ず業務の課題があります。例えば、生産設備に関するデータを分析する際、故障予知分析による稼働率改善、不良原因分析による品質向上、あるいは、動作分析による製造リードタイム短縮分析といった業務の課題を明らかにすることが重要です。そして、この業務課題に関する業務知識をデータ前処理に活かし、データの価値を高めると、その後のデータの利活用を効率的に行うことができるようになります。

AI&ビッグデータソリューションセンタでは、ビッグデータ利活用の要となるIoTとAIをつなぐエンジニアを、社内外を問わず、広く育成することに努めてきました。そのため、データバリューアップに関する、事例に基づく実践的なノウハウをセミナーとして、外部に発信してきました。そのセミナーの内容も、ふんだんに本書に取り入れています。

本書前半の第1章、第2章では、データ利活用におけるデータ前処理の重要性について紹介します。第1章「AI、IoTが日本で進まない本当の理由」では、前処理をあまり考えずにAI導入やビッグデータ解析に取り組んだ事例から、よくある悩みやつまずきの理由をさぐります。第2章「データの前処理とは何か」では、データの前処理について解説します。

後半の第3章以降では、IoTやAIにおけるデータ活用プロセスについて、より実践的に解説します。データ活用プロセスとして、標準化された手順であるCRISP-DM（CRoss Industry Standard Process for Data Mining）を用います。第3章「AI、IoTにおけるデータ活用プロセス」では、このCRISP-DMを活用したデータ活用の手順を解説します。CRISP-DMでは、データ活用の手順を六つのプロセスに分けています。それは、①ビジネスの理解、②データの理解、③データの準備、④モデリング、⑤評価、⑥展開です。本書は、このプロセスに沿って、第4章で「ビジネスの理解」「データの理解」、

第5章で「データの準備」、第6章で「モデリング」、第7章で「評価」「展開」を解説します。最後に、第8章「データのバリューアップ手法」では、業務知識や関連する知識を利用してデータの価値を高めるバリューアップ手法を紹介します。

　また、データ利活用のツールとして、オープンソースソフトウエアのKNIMEを利用してデータ活用の手順を解説します。付録にKNIMEの使い方をまとめましたので、参考にしてください。付録を見ていただければ分かりますが、RやPythonといったプログラミング言語に関する知識は必要ありません。

　本書の読者は、IoT、AI、ビッグデータ解析の導入に興味を持っている、あるいは、すでに導入されている企業の経営層、CIOをはじめ、情報システム部門、企画部門といったデータ利活用に関連する方々や実務的なデータ活用プロセスを学びたい大学生、大学院生を対象としています。特に、IoT、AI、ビッグデータ解析を導入する意欲がありながら、技術面・費用面で踏み切れないでいる中堅・中小企業の方々に読んでいただきたいと思います。

　そして、本書を手に取っていただいた企業のIoT、AI、ビッグデータ解析の導入が成功することを願ってやみません。

2018年9月

株式会社 日立産業制御ソリューションズ　齊藤 哲

はじめに ……………………………………………………………………………… 1

第1章　AI、IoTが日本で進まない本当の理由 ……………… 9

第2章　データの前処理とは何か ………………………………… 19

　2-1　なぜデータの前処理が重要なのか？ ………………………… 20
　2-2　データを磨くバリューアップ ………………………………… 25

第3章　AI、IoTにおけるデータ活用プロセス ……………… 31

　3-1　データ活用の標準プロセス ………………………………… 33
　3-2　プロセス1：ビジネスの理解 ………………………………… 37
　3-3　プロセス2：データの理解 …………………………………… 39
　3-4　プロセス3：データの準備 …………………………………… 40
　3-5　プロセス4：モデリング ……………………………………… 42
　3-6　プロセス5：評価 ……………………………………………… 45
　3-7　プロセス6：展開 ……………………………………………… 45

第4章　実践ステップ①「ビジネスの理解」、ステップ②「データの理解」 ………… 47

　4-1　分布の中心傾向 ……………………………………………… 50
　4-2　分布のばらつき ……………………………………………… 54
　4-3　分布の視覚化 ………………………………………………… 58
　4-4　データの尺度 ………………………………………………… 59

| 4-5 | データの品質検査 | 59 |
| | ▶▶データ分析ソフトで実践！「データの理解」 | 62 |

第5章 実践ステップ③「データの準備」 …… 71

5-1	データの選択	74
5-2	データのクリーニング	77
5-3	データの構築	78
5-4	データの統合	79
5-5	データのフォーマット変換	80
	▶▶データ分析ソフトで実践！「データの準備」	84

第6章 実践ステップ④「モデリング」 …… 97

6-1	線形回帰モデル	102
	▶▶データ分析ソフトで実践！「線形回帰モデル」	106
6-2	ロジスティック回帰モデル	118
	▶▶データ分析ソフトで実践！「ロジスティック回帰モデル」	120
6-3	クラスターモデル	129
	▶▶データ分析ソフトで実践！「クラスターモデル」	132
6-4	ニューラルネットワークモデル	139
	▶▶データ分析ソフトで実践！「ニューラルネットワークモデル」	143
6-5	決定木モデル	152
	▶▶データ分析ソフトで実践！「決定木モデル」	155
6-6	アソシエーションモデル	159
	▶▶データ分析ソフトで実践！「アソシエーションモデル」	162

第7章 実践ステップ⑤「評価」、ステップ⑥「展開」 …… 169

- **7-1** 目的変数が量的変数のときの指標 …… 171
- **7-2** 目的変数が質的変数のときの指標 …… 173
- **7-3** 分析結果をまとめる …… 176
- **7-4** 精度目標に達しなかった場合 …… 179
- **7-5** 精度目標に達した場合 …… 179
- **7-6** 運用手順などに組み込む …… 180
- **7-7** 設備の交換や追加 …… 180
- **7-8** 業務と連携したシステム化 …… 181

第8章 実践ステップ⑦ データのバリューアップ手法 …… 183

- **8-1** データソース結合時のフォーマット確認作業 …… 186
- **8-2** 機械などの特性を確認し考慮する作業 …… 188
- **8-3** 業務時間や機械の稼働時間を確認する作業 …… 190
- **8-4** 入力ルールを確認する作業 …… 191
- **8-5** データを変換する作業 …… 192
- **8-6** ばらつくデータや季節性を考える作業 …… 193
- **8-7** 目的変数を作る作業 …… 195

付録 データ分析ソフト 「KNIME」の使い方 …… 199

おわりに …… 226

索引 …… 228

第1章

AI、IoT が日本で
進まない本当の理由

第1章 AI、IoTが日本で進まない本当の理由

三つの実例から分かる AIの精度問題

AI（人工知能）の活用にはデータが重要となる。ただ、IoT（Internet of Things）では大量の生データが発生する。その生データをそのまま利用していくと、多くの場合、AIの精度における問題に突き当たってしまう。まずは、その問題を実例から見ていく。

　AIとビッグデータの活用は、産業における設備保全や品質向上、社会公共インフラの保全、熟練技術者の技能伝承など、適用範囲がますます広がっています。適用範囲の広がりとともに、IoTにおける各種センサーや設備から得たデータなど、現場から得られる"生データ"も多様なものになりがちです。そうした生データをそのまま活用しようとすると「AIの精度が上がらない」「データがむやみに大きくなる」といった問題に直面します。まずは、どのような場面で問題が発生するのか、生産現場で実際に起こった例を見てみましょう。

事例1　設備の劣化予測

「データが汚れていることに気づいていない」

　プラント設備の保全作業から得られる測定データを活用した劣化予測の事例です。実証段階では期待する予測精度を出していたAIが、いざ横展開というときに精度が落ちてしまい、これまでの取り組みが水の泡になりかけた、といったものです。

　プラント設備は、複雑に絡み合った多くの配管がイメージされます。設備を長期間にわたって安全に稼働させるには、保全業務によ

る配管の劣化状況の把握が重要です。現状、多くの場合、熟練者が長年蓄積したノウハウに基づいて劣化が想定される箇所を推定し、点検計画を立てています。しかし、広範囲にわたる配管の劣化状況を把握するのは難しく、点検した配管に劣化が見当たらないケースも多くあります。さらに、こういった熟練者が高齢化で減少していく中、いかに保全コストを適正化していくかが大きな課題となっています。

この課題に対し、測定データとAIを活用して劣化を予測しようとする動きが活発になっています。しかしながら、保全現場で発生するデータは、測定のばらつきがあったり、そもそも紙で運用されていてデータ化されていなかったりなど、データ活用が進みにくいのが実状です。そこでよく見かける問題は、「AIの予測精度が思うように向上しない」といったものです。

配管は通常、保温材で覆われており、点検業務は内面と外面が対象となります（**図1-1**）。内面は、製品が配管内部を流れ、配管内側の「削れ」や「溶け」によって腐食することで劣化します。外面腐食は、外側から劣化状態を観測できますが、内面腐食は観測できないため、外側の保温材を剥がし、超音波センサーやエックス線装置

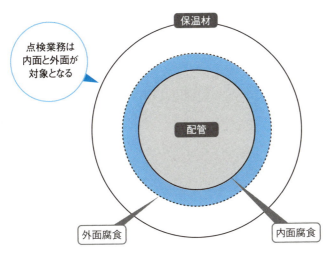

図1-1　配管の劣化

で測定します。

　劣化予測には、配管の材質や形状、サイズ、使用年数、厚み、温度といったデータを活用し、予測モデルを作ります。この際、最初に当たる壁は、蓄積している保全データの測定期間や頻度、運転環境などが、プラントによって異なることです。あるプラントで予測精度を高められたとしても、他のプラントでは精度が維持できないという結果につながります。そこで、まずは全プラントに対応するように蓄積されているデータを統一化するアプローチが必要になります。例えば、業務面では劣化分類の定義、データ面では取得間隔を合わせるなどです。

　次に当たる壁は、蓄積された保全データには、異常値や欠測値、測定誤りなどのデータが含まれていることです。センサーや機械設備といった現場から取得するデータは、電源状態や天候、人的ミスなどの様々な要因で、やむを得ずデータが汚れてしまいます。特に、データが大量になってくると、数字の羅列から汚れたデータを探し出すことは至難の業となります。これらを把握するため、統計的なグラフ表現やチェックデータの作成によって、汚れたデータを把握し選別していくアプローチが必要になります。

　本プロジェクトにおいて我々が直面したのは、配管の「厚み」データの誤りでした。配管は、磨耗などによって厚みが徐々に減っていきます。測定の都度、厚みの数値が下がっていくのが当然です。それを前提として、一般的な手順でデータを確認し、異常値や欠測値を加工したのちに分析を行いました。しかしながら、分析精度は低い結果となりました。「保全データの測定期間や頻度、運転環境などが異なるプラントに、実証段階で構築した予測モデルを横展開するというプロジェクトは現実的ではなかったのか？」——。プロジェクトの担当者は継続可否に頭を抱えていました。

　そこで、データの把握をやり直すことから始めました。最大値や平均値、標準偏差といった統計値だけではなく、前回の測定値と今

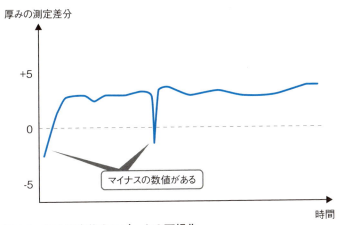

図 1-2　厚み測定差分のデータの可視化

回の測定値を引き算した測定差分のデータなども生成し、統計値を増やしていきました。そしてこれらのデータを検査してみると、厚みの測定差分データにおかしな点があることに気づきました。測定差分は、前回の測定値から今回の値を引き算したため、厚みが減ればプラスの値になります。しかし、プラスでなければならない数値にマイナスのデータ、つまり厚みが増えているデータがあったのです。

　何が起きているのかを確認するために、まずは測定差分のデータを時系列で可視化してみました。すると、厚みの測定差分はプラスで推移するグラフになるはずですが、マイナスとなっている箇所を可視化できました（**図 1-2**）。

　さらに、このチェック結果を確認していくと、初回の測定値は配管を設置する際に測定された厚みを登録しており、この際に入力ミスが多くあった事実が判明しました。また、測定時に前回測定した測定点から若干ずれるなど、測定点のブレによって厚みが増えてしまうことも考えられます。そこで、大量のデータの中から、測定差分の変化が統計的に大きいデータを不採用とする前処理で切り抜けました。この結果、データ前処理を行う前と比較し、予測精度は10倍ほど向上したのです。

事例2　製品不良率の改善

「取得データをそのまま使っている」

　製造設備から取得したデータを用いて製品の不良率を改善した事例を紹介します。電動工具に取り付けたセンサーで取得したデータを大量に保有していたが、AIに学習させてはいけないデータを学習させ、AIの精度を落としていたケースです。

　工場の製造ラインでは、製造設備の突発故障などによる生産性の低下や製品不良の発生を防ぐための様々な取り組みが行われています。その一つとして、製造設備や運転状況のデータなどを用い、不良率低下につながるデータの相関関係を見つけるといったAIの活用が進んでいます。

　設備のデータをAIで利用する際に陥りやすい問題は、蓄積されたデータをそのまま使ってしまいAIの精度が上がらないことです。設備から得られるデータを活用する際、データ項目によって大きく三つの状態変化が含まれます（図1-3）。

　例えば、自動車に乗ってエンジンを掛ける様子をイメージしてください。エンジンを掛けるまではエンジンの回転数はゼロで、エンジン音もしません。そしてエンジンを始動させると、一度1300回転ほどまで回転数は上がり、大きな音もします。それから時間の経過とともにアイドリングの回転数は上下しながら落ち着いていき、最終的に1000回転程度で安定します。

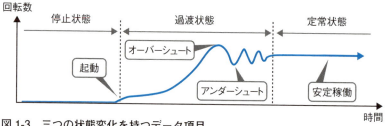

図1-3　三つの状態変化を持つデータ項目

エンジンが1300回転に上がるのは、エンジン始動直後なら正常な動作ですが、走り出した後の一時停止中に頻繁に1300回転に上がる事象が発生するようであれば「どこかに故障があるのでは？」と疑いたくなります。

このような、停止状態、過渡状態、定常状態の特性を持つデータ項目には、電源を利用する設備や電動工具の電圧値データなどがあります。これらを分析対象とする場合は、取得したすべてのデータを分析に利用すると、過渡状態のデータと、定常状態後に発生したデータの判別が難しくなり、AIの精度を低下させる要因となりえます。

我々が直面したのは、組み立て加工ラインにおける不良率低減に取り組んだプロジェクトでした（図1-4）。加工ラインで作業に用いる電動ドライバーから取得できるデータを用い、不良要因との相関関係を見つけようとしました。電動ドライバーの利用は、一般的に「仮締めの後に本締めをする」といったスイッチのオンオフの動

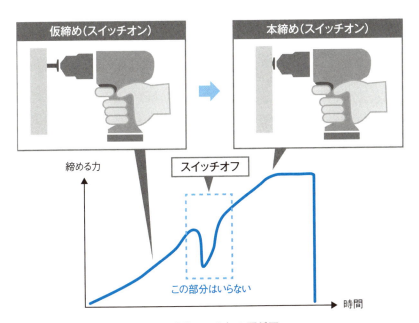

図1-4　ネジの締めつけ作業と「締める力」の関係図

作が連続的になり、操作のタイミングが一定間隔ではなく、停止から過渡、過渡から定常のデータがばらばらと蓄積されます。

「このままではAIの精度が高められない」。この種のデータを利用するには、停止状態と過渡状態のデータを把握することが重要であり、まずは時系列のグラフでデータを可視化します。グラフの縦軸を締める力にすることで、停止状態と過渡状態が把握できます。ここでAIに学習させてはならないデータの汚れは、スイッチオフの際に取得される「くぼみ」の箇所になります。

そこで、このくぼみの箇所をデータから除去しました。その結果、実際にネジを締めているデータのみがAIの学習するデータとなることから、締めつけ不良との相関が取りやすくなり、AIの精度が向上しました。また、くぼみの箇所を除去するデータ前処理により、蓄積するデータ量を削減でき、処理速度の向上にもつながったわけです。

事例3 チョコ停の予兆診断
「取得データから特徴のあるデータを生成していない」

生産現場の重要課題となっている「チョコ停」の予兆診断の事例を紹介します。目的とする定量的な指標がないのに、データを使えば何か分かるだろうとプロジェクトを始めてしまったケースです。チョコ停とは、製造設備の停止や空転といった短時間の停止が繰り返し発生する、つまりチョコチョコ停まる状態です。チョコ停は、その要因がはっきりしないケースが多く、生産現場の大きな課題の一つとなっています。

そこで、工場内で取得している運転状態や生産数のデータなどを活用し、チョコ停が発生する要因、すなわちチョコ停と相関の高いデータ項目を探り、発生を予兆する取り組みが進んでいます。取得データには、予兆したいデータ項目となる「チョコ停」というデー

タはもちろん存在しません。

　データを活用した予兆診断では、「目的となるデータ（予兆したい値）」と「その目的と相関性の高いデータ（目的となるデータに大きく作用するデータ）」を見つけ出すことが重要になります。このプロジェクトでは、「取得したデータ項目を使って何らかの分析やAIを活用すれば、チョコ停の予兆を見つけられるのではないか？」といったAI万能説的な考えが進行を行き詰まらせていました。そこで我々は、まずは目的となるデータ項目を生成するアプローチを採りました。つまり、新たなデータ項目として、時系列に並べた累計生産数から「毎分生産数」という項目を作成しました。そして毎分生産数を時系列グラフで可視化してみると、生産数が「0」になるのではなく、「平均的な生産数の推移から時々低下する」というグラフになりました（図1-5）。

　この可視化によって、チョコ停が短時間の停止であるため、毎分生産数は「0」ではなく、平均的に低い値になることが分かりました。ただ、分析したデータを見ると生産数が低下する箇所は頻繁にありました。生産性が低下する原因はメンテナンス時や空転などチョコ停以外にもあることから、低下した箇所をすべてチョコ停とすると分析精度が低いものになります。また、チョコ停は停止する時間も間隔も分からないため、あらかじめチョコ停発生時の生産数を想定することもできません。

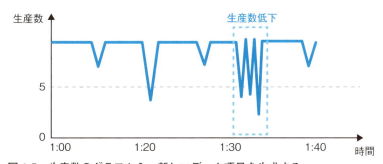

図1-5　生産数のグラフから、新しいデータ項目を生成する

そこで、大規模な機械の停止状態を分析すると、停止する前にチョコ停が頻発していることが分かりました。そこで、15分の間に毎分生産数が3回連続で5以下となる範囲を「チョコ停」と定義しました。このルールを基に「チョコ停フラグ（データ内容は0または1）」と名づけた新たなデータ項目を生成しました。このチョコ停フラグを分析の目的となるデータ（予兆したい値）として採用し、これと相関の高いデータを見つけ出す取り組みに進むことができきました。

三つの実例を紹介しましたが、現場から得られる「生のデータ」は、どうしても汚れてしまうものです。さらに、IoTの発達でデータ量が増大すると、その中に潜んでいるデータの汚れを発見することがますます難しくなります。

ここで紹介した事例以外にも、「同じ特徴を持つデータ」をいくつもAIに投入してデータ量が膨大になってしまっているケース、AIの精度にまったく寄与しない「変化のないデータ（音響データの特定周波数など）」をAIに投入し処理時間が膨大になっているケース、データの取得間隔が小さいほうがAIの精度が高いと思い込んで大量のデータ蓄積に悩んでいるケースなど、データ利活用の現場では様々な悩みやつまずきが存在しています。

第2章では、データの価値を高めることで様々なメリットを生み出す「データの前処理の考え方」を解説します。

■■ 本章のまとめ

- データの品質が悪ければ、AIの精度がなかなか上がらない
- 蓄積したデータをそのまま使いがちだが、データの汚れは多い
- データの大量化が、データの汚れを発見しにくくしている

第2章

データの前処理
とは何か

第2章　データの前処理とは何か

データの"質"を高めつつ "量"を最小限にする

AIを活用するには、データが必須となる。ただ、大量データを扱うと、その分費用がかかり、AI活用の効果を薄める。大量データの質を高めて効率よく処理する"前処理"が重要だ。

　本章では、データの前処理とは何かを解説します。まず、なぜデータの前処理が重要なのかを、一から説明します。データの質と量という観点が重要になります。続いて、データ前処理の手法について大枠を捉えておきましょう。手法には、データ把握とデータ加工の二つがあります。

2-1　なぜデータの前処理が重要なのか？

　まず、「データの利活用」とは何かから、確認しておきましょう。データを利活用するには、IoTのシステムにおけるセンサーなどから得られるビッグデータと、AIのアルゴリズムが必要になります。

　分かりやすくたとえると、ビッグデータは数値のデータであり、AIは計算式といえます。例えば、「A=2」「B=3」というデータがあり、AIのアルゴリズムが「A+B」であるとき、AIは5と答えます（図2-1）。

　では、もしデータBに、異常な値が入ってきたら、どうなるでしょうか。

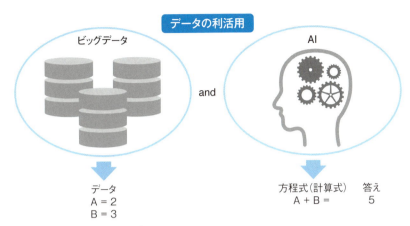

図2-1　AIの計算イメージ

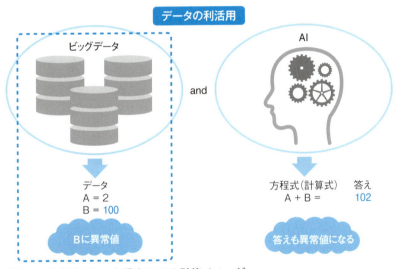

図2-2　異常値が入った場合のAIの計算イメージ

　例えば、「B=100」という異常値が入ってきた場合、AIは正しく計算し、「102」と異常な値を答えます（**図2-2**）。つまり、データの利活用には、まずIoTで収集されるデータそのものをよく見ていくことが重要になるのです。
　次に、「データ」とは何かを、確認しましょう。ビッグデータを取

り扱うには、データの「量」と「質」が重要になります（**図2-3**）。

　総務省の情報通信白書（2015年）によると、世界のデータ量は劇的に増加し、2020年には4万4000エクサバイトに達すると予想されています。このデータ量を、2018年時点で競争力のあるストレージサービスのコストから算出すると、その額は月額で100兆円を超える金額になってしまいます（**図2-4**）。

　データ量は、2025年までにさらに4倍の16万エクサバイトを超える予想もあります。AIを導入して効果を得られたとしても、ビッグデータを格納するストレージコストがかさむようでは、その効果

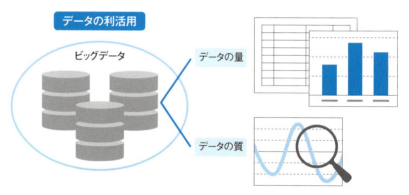

図2-3　ビッグデータで重要になるデータの「量」と「質」

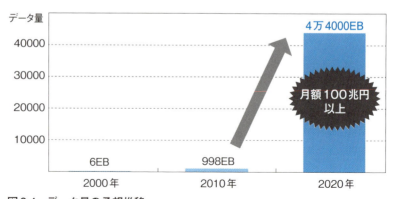

図2-4　データ量の予想推移

は薄れます。つまり、ビッグデータの利活用で最大限の効果を出すには、IoTからAIへ渡すデータ量を、できるだけ最小限とする発想が求められます。

次に、データの「質」について見ていきます（**図2-5**）。情報システムに格納される「ITデータ」は、情報システムで構造化されており、かつエラーチェックや入力時のバリデーションチェックが実施され、データの質が高いケースがほとんどです。

一方、センサーや運転状況などの生データ（フィールドデータ）は“不純物”が多く、データの質が低いものです。フィールドデータは、センサーや通信の状況などに影響を受け、登録されるべきデータが欠落していたり、電源状況などから異常な値が登録されたりすることが多くあります。

データの表現も、そのままではAIで扱いにくくなっています。例えば、センサーデータはそのセンサーが持つ取得間隔で数字だけが羅列されていたり、設備の運転データにはスイッチのオン/オフなどを示す0と1のデータが羅列されています。また、WaveData

データ取得元		データ質	前処理
ITデータ（コミット）	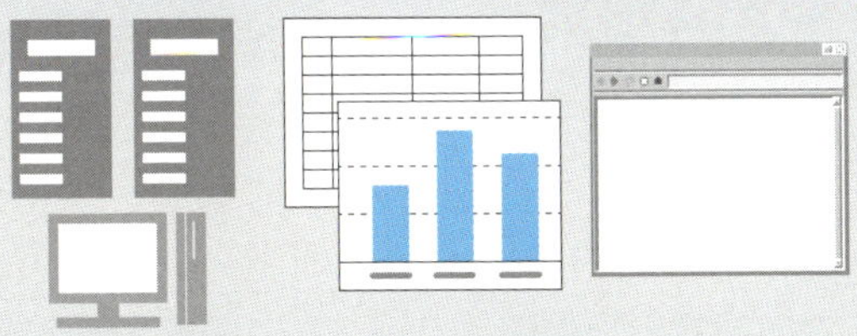	高い	不要
フィールドデータ（生のまま）	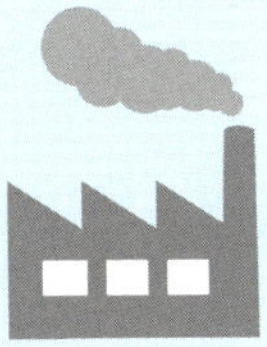 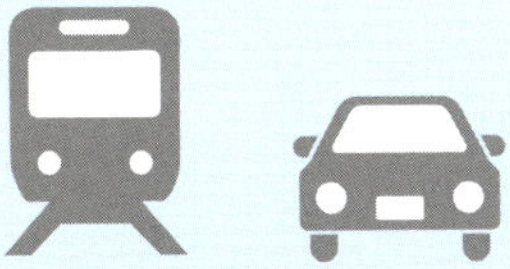 ・センサーデータ：12,-23,-24,12,・・ ・On/Off Data：0,0,1,1,1,0,・・ ・Wave Data：	低い	必要

図2-5　ITデータとフィールドデータの比較

は様々な周波数を持つ単純な波の足し合わせです。これらのフィールドデータは、AIで処理する前に適切な処理が必要になります。これをデータの「前処理」と呼びます。

　前処理は、AI活用の取り組みにおいて最も重要なフェーズになります。異常値を含んだデータをAIに渡すことは、AIに誤った特徴を学習させてしまうからです。

　前処理は従来、「データクレンジング」と呼ばれていました。データクレンジングと呼ばれていた時代の従来の前処理と、フィ

前処理	主な処理内容
従来の前処理	①名寄せ 　日立太郎、ひたちたろう、ヒタチタロウを同じデータにそろえる ②データ形式合わせ 　日時データ（西暦、和暦、4桁、2桁）を同じデータ形式にそろえる ③異常/Nullデータ削除 　異常や空白データがあった場合は、そのレコードを削除する
IoT時代の前処理	上記に加え、以下の処理などを実施 ①時刻情報付与 　センサーや機器ごとの取得間隔（サンプリングレート）にて時刻を追加 ②特徴量生成 　一定期間の増加率や変化速度などを演算して、新規データを生成 ③状態分離 　機器の運転条件から、停止・準備中に取得されたデータを除去 ④移動平均 　一定区間ごとの平均値を区間をずらしながら求める

図2-6　従来の前処理とIoT時代の前処理の比較

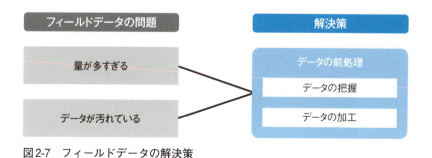

図2-7　フィールドデータの解決策

ールドデータを活用するIoT時代の前処理との主な処理内容の違いは 図2-6 に示す通りです。

　以上のように、各種センサーからのデータや設備における運転・保全データといった、フィールドから得られるデータの活用を行う場合は、データの量と質の問題を考慮する必要があります。これらの問題を解決する取り組みが、データの前処理なのです（図2-7）。

2-2　データを磨くバリューアップ

　IoTから収集される大量のフィールドデータを利活用するには、前処理においてデータの価値を高める作業が重要です。この作業をデータのバリューアップと呼びます。盆栽でたとえると、葉の多い素材の木に対し、無駄な葉をカットしてきれいにすると盆栽の価値が上がることに似ています（図2-8）。第1章では、その実例を三つ紹介しました。

バリューアップ前
ただのビッグデータ
盆栽の素材（3千円）

バリューアップ後
厳選されたデータ
美しくカットされた盆栽（1億円）

無駄な葉をカットしてきれいにすると、
盆栽の価値が上がる（バリューがアップする）

図2-8　フィールドデータの解決策

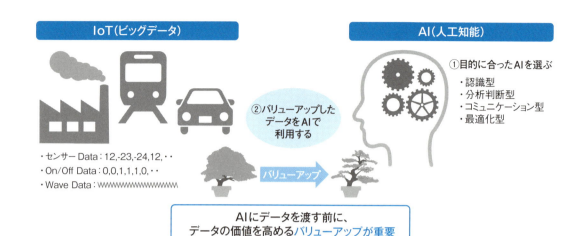

図2-9　バリューアップ

バリューアップの手法	従来の不都合
データ把握	大量の数字の羅列からは気づきにくい、異常値や欠損値、不要部分を見える化し、業務上の意味と合わせてデータを確認する	データの把握が不足し、故障予兆の兆候となるパラメーターを見誤り、AIの精度が低くなった
データ加工	特徴量の項目追加や集計処理、使用項目の絞り込みなど、生データを分析に適したデータに加工・生成する	大量の生データを対象とするAIを導入したため、ストレージやサーバー費用が高額になった

図2-10　バリューアップの手法

　こうしたバリューアップは、IoTとAIをつなぐ、ビッグデータの利活用で課題を解決するすべてのプロジェクトに共通した取り組みになります（図2-9）。

　バリューアップの手法には、データ把握とデータ加工の二つがあります（図2-10）。それぞれ概要を見ていきましょう。

　データ把握は、異常値や欠損値、不要部分を見える化し、業務上の意味と合わせてデータを確認することです。大量の数字の羅列からは気づきにくいものを明らかにします。データの把握が十分でなければ、故障予兆の兆候となるパラメーターを見誤り、効果の低い

第2章
データの前処理とは何か

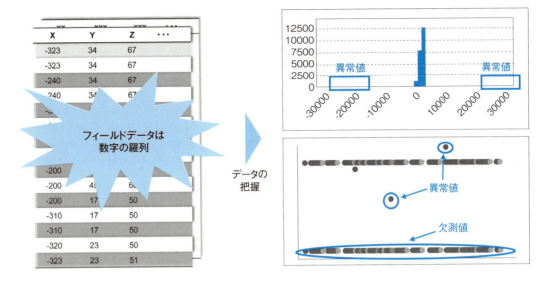

図2-11　データ把握の例

AIとなりがちです。

　データ加工は、特徴量の項目追加や集計処理、使用項目の絞り込みなど、生データから分析に適したデータに加工することです。大量の生データを分析対象とするAIを導入すると、ストレージ量と解析時間が膨大になってしまう、といった問題につながります。

　それでは、バリューアップの各手法について例を挙げます。まず、データ把握の例です（図2-11）。

　各種センサーなどから取得されるフィールドデータは、大量の数字の羅列となります。様々な産業で使われているDCS（Distributed Control System：分散制御システム）、工場の自動機械やエレベーター、ボイラー、テーマパークのアトラクションなどの制御に使用されるPLC（Programmable Logic Controller：プログラマブル ロジック コントローラー）などから取得できるデータも同様です。

　このままでは、大量のデータに潜んでいる異常値や欠測値などを把握しきれません。そのため、統計を利用し、データの特徴が把握

27

しやすいように表現を変えます。これにより、データの意味を確認しつつ、AIの精度を低下させる異常値などの要因を取り除いていきます。

続いて、データ加工の例です（**図2-12**）。

データ加工は、統計的手法を用い、分析に適したデータを生成してAIの精度を高めるとともに、同じ特徴を持つデータを削除することでデータ量を削減し、分析速度の向上や運用コストの低減を図る手法です。大量のフィールドデータを、AIでそのまま利用すると、分析時間とストレージ量の浪費につながります。

例えば、生産設備のデータを時系列に並べ、業務カレンダーや設備の稼働時間を確認し、設備の停止・起動中・稼働中といったように、設備データを「状態分離」する手法があります。AIで設備の故障予兆を行う場合、停止と起動中のデータを除去し、稼働中のデータのみに加工すれば、判定の精度を高められます。

また、センサーデータなど値の変動が著しいデータは、全体的な

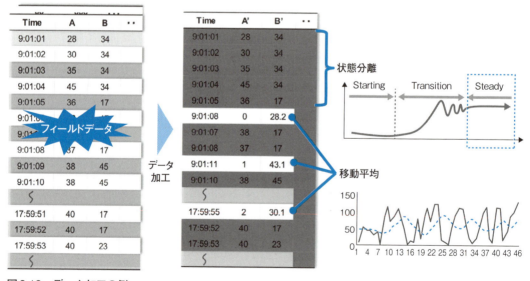

図2-12　データ加工の例

第2章

データの前処理とは何か

傾向を捉えることが困難なため、ある一定区間ごとの平均値を区間をずらしながら求める「移動平均」を用いると、変動が緩やかな曲線となり、特徴を把握しやすいデータを作ることができます。

　これらの前処理を実施しないままAIにデータを投入すると、AIが誤って学習してしまい、使えないAIになる危険性があります。この要因の一つに、「過学習（オーバーフィッティング）」があります。過学習とは、モデルが与えられたデータに特化した形になり、新たなデータが与えられた際に適切な推定ができなくなる問題です。

　したがって、AIを有効に活用するためには、統計的手法を使用して、データの分離や平均化などを行い、分析に適したデータに加工する必要があります。すなわち、AIが理解しやすいデータを生成しデータ量も削減する取り組みが、データ加工になります。

■ 前処理のメリットを押さえて実践へ

　このようにバリューアップによってビッグデータは、特徴のあるデータ項目、かつ必要最小限のデータ量となります（**図2-13**）。これにより、例えば故障予測の精度が2倍になるなど、アルゴリズムの精度が向上します。あるいは、PoC（概念検証）の期間やストレージ費用が半分になるなど、運用コストが低減されるといった効

バリューアップ	データの量と質	結果
実施	・必要最小限のデータ量 ・特徴のあるデータ項目	・アルゴリズムの精度が向上 　例：故障予測の精度が2倍 ・運用コストの低減 　例：PoC期間、ストレージ費用が半分
なし	・大量のデータ ・悪影響を与える汚れたデータ	・複雑な処理、効果が出ないAI ・高額な処理マシンと台数増、大量のストレージ

※PoC（Proof of Concept）
概念実証。新しいコンセプトを実証、デモンストレーションなどを行うための製品や設備、あるいは実現の可能性を示すための試行を意味する。

図2-13　バリューアップの効果

果も見込めるようになります。

　本章では、IoT時代のデータ利活用には、データの前処理がすべての取り組みに共通して必要になることを解説しました。第3章からは、データ前処理におけるノウハウを分かりやすく説明していきます。各章末にはデータ分析ツールによる演習を付けてありますので、実践して理解を深めてください。

■■ 本章のまとめ

- AIは、誤ったデータで学習すると正しい答えを出力しない
- ビッグデータの価値は、データの「量」ではなく「質」が重要
- バリューアップの手法には、データ把握とデータ加工の二つがある

第3章

AI、IoTにおける
データ活用プロセス

第3章　AI、IoTにおけるデータ活用プロセス

ビジネスの理解から展開まで AI活用の全体像を把握

AIの活用にはデータの前処理が重要だが、その前後のプロセスを含め、適切な手順を踏む必要がある。その標準的なプロセスとして、ベンダーやユーザー企業が策定した「CRISP-DM（CRoss Industry Standard Process for Data Mining）」が広く使われている。この標準プロセスを理解し、AI活用におけるプロセス全体と前処理の位置づけを把握しよう。

　ここまで、データの前処理が重要であることを解説してきました。AIを有効に活用するためには、データの前処理だけでなく、その前後のプロセスを含め、適切な手順が必要です。本章では、このAI活用プロセスの全体像を解説します。

　AI活用プロセスは、AI活用を進めるプロジェクトの指針となります。AI活用プロセスを知らずにプロジェクトを進めようとすると、マネジャーは開発メンバーが作成したスケジュールの良しあしも判断できず、作業指示も与えられません。そして、スケジュールの管理ができないままプロジェクトを進めると、AIを使っても十分な結果が得られなかったという失敗事例を積み上げる結果になります。一方、開発メンバーも次に何をすればよいのか、うまくいかなかったらどうすればよいのか迷うばかりです。

　AI活用のプロセスを理解し、マネジャーと開発メンバーのお互いがスムーズにプロジェクトを進められるようにしましょう。

第3章

AI、IoTにおけるデータ活用プロセス

3-1 データ活用の標準プロセス

　データ活用のテクニックは、「データマイニング」とも呼ばれています。その活動は、鉱物の発掘にたとえられます。金脈を探す場合に「温泉の近くで砂金が取れる場所があると近くに金脈がある」というルールを見つけ出すのに似ています。

　製造業や小売業で考えると、「工場の室内温度と湿度が上がると不良品が出やすくなる」といったルールや「スーパーマーケットで雨の日に肉がよく売れる」といったルールを発見することになります。データ活用の手順は、パターン認識や統計処理によって大量データから意味あるルールを発見するプロセスになります。発見したルールは、主に事象の説明、予測、分類に利用されます。

　IoTが一般的になってきた今、工場の装置だけでなく、電子レンジや冷蔵庫といった家庭の電化製品にまでデータが存在します。これらのデータはAIによって分析され、新製品の開発に活用されたり、ネットショッピングでは商品のお勧め（レコメンデーション）機能などに活用されたりしています（図3-1）。

図3-1　AIを使用したレコメンデーション機能

ただ、これらのデータは一般的に、人間にとって都合の良い形式（セル結合されていたり、コメントを追加されたスプレッドシートなど）で作られており、必ずしもAI活用に適した形式とはいえません。AIで活用するデータはAIにとって都合の良い形式でなければなりません。

■ AIにとって都合の良いデータ形式とは

では、AIにとって都合の良い形式とはどういうものでしょうか。ここでいう形式とは、データの表現方法です。買い物データでたとえると、買ったものが順番に見えるレシートの形式や、家計簿に集計した表形式といったものです。

現在のAIは、「ゲームに勝つためのAI」や「画像を識別するためのAI」、「人と会話するためのAI」というように、特定の仕事に特化しています。画像を認識するAIに話しかけても会話はできませんし、人と会話するAIに画像を見せても同じことです。これはAIごとに認識できるデータが決まっているからです。

AIにおける学習機能を使う場合、悪いデータを与えると悪い結果を生んでしまいます。例えば、火力発電所で燃焼効率が最適な状態で運転するためのAIがある場合、過去の運転データをすべてAIに与えると悪い運転状態も学習してしまいます。また、燃やす原料が変わった場合には変わる前の運転データを学習させてはいけません。最適な運転状態をAIに学習させるには人間が正しい運転データを選んで学習させることが重要なのです。

そこで必要なのが、データを業務のルール（知識）と擦り合わせる作業です。つまり、正しく運転したときのデータを取るのに加え、機械を停止するタイミングやセンサーデータの取得方法といった業務ルールとデータを擦り合わせます（図3-2）。

このような業務ルールを考慮すれば、より良い分析結果が期待さ

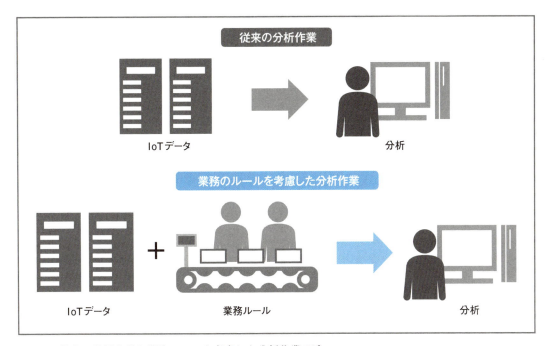

図3-2　従来の分析作業と業務ルールを考慮した分析作業の違い

れます。例えば、手作業で製品を作っている工場の1時間当たりの生産数を見ると、効率の悪い時間帯が分かります。しかし、昼休みの生産数が「0」だったので昼は生産効率が悪いという結果にはなりません。昼休みの時間帯データを分析対象外にすると、本当に効率の悪い時間帯が分かります。

■ **データ活用には適切な手順を踏む**

　データを活用する場合、すぐにAIにかけてみるというケースが散見されますが、それは適切な手順を踏んでいるとはいえません。初めて作る料理の場合、必要な調理器具を用意して材料と調理手順が書いてあるレシピを確認するのと同様、適切な手順があります。AIであれば、学習するのに適したデータ加工を行い、そのデータを学

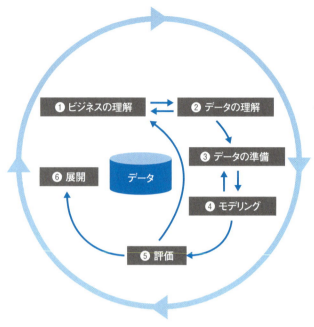

出典：CRoss Industry Standard Process for Data Mining

図3-3　データ活用の標準プロセス

習させるという手順が必要です。

　データ活用の標準プロセスの一つに「CRISP-DM（CRoss Industry Standard Process for Data Mining）」があります（**図3-3**）。CRISP-DMは、データ分析に関連するソフトウエアベンダー、ハードウエアベンダー、ユーザー企業などが作ったコンソーシアムで策定したものです。データ活用においてどのようなプロセスをどのような手順で進めていくかを定義しています。これを使えば、問題が発生した場合にどのプロセスに戻ればよいかが分かります。例えば、データの理解が不足していればビジネスの理解に戻る、モデリングで良い結果が出なければデータの準備まで戻るといった形です。

　また、第2章で紹介したデータ把握とデータ加工をCRISP-DMのプロセスに当てはめると、データ把握は「ビジネスの理解」と「デ

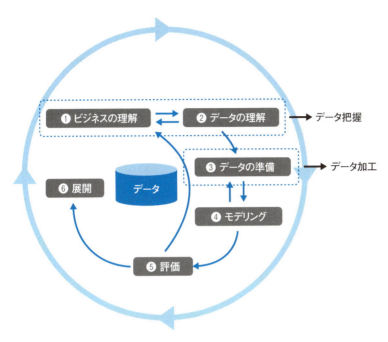

図 3-4　データ活用の標準プロセスと、データ把握／加工の関係

ータの理解」、データ加工は「データの準備」に相当します（**図3-4**）。分析作業のほとんどは、ビジネスの理解、データの理解、データの準備の三つのプロセスが占めるといっても過言ではありません。この三つのプロセスが分析を成功に導くカギになります。それでは、CRISP-DMの六つのプロセスを順に見ていきましょう。

3-2　プロセス1：ビジネスの理解

　最初のプロセスは、ビジネス上の問題を明確化し、プロジェクト目標を設定することです。そのためにまず、業務内容を調べ、何に困っているのかを整理します。製品を製造している場合には原材料は何か、それぞれの原材料はどのような作業工程を経て製品になるかなど、業務知識をできるだけ整理する必要があります。

プロジェクト目標の決定においては、いきなり難しい目標を立てないほうがよいでしょう。成果の出やすい分析目標を設定することがポイントになります。成果の出やすい分析目標を確実にクリアしていくことで、最終的なプロジェクト目標を達成することが重要です。これは料理を初めてする人がフランス料理のフルコースを作るのではなく「オムレツ」などの単品から勉強するように、ステップを踏んで難しい料理に挑むのと同じです。

　例えば、製造現場で故障の予兆を発見したい場合には、1回目の分析で「故障が発生したときの要因項目の分析」を目標とし、その目標が達成できれば2回目の分析で「故障が発生する5分前の予兆分析」といった具合になります。

　同時に、分析結果や予測が当たらなかった場合にはどのようなリスクが発生するのかを整理することも重要です。例えば、薬の投薬量を予測する場合、作成した予測モデルの検証実験によってどのようなリスクが発生するのかといったことです。薬の量によっては生命にかかわるリスクが考えられますが、河川の水質を改善する薬の量であれば異なるリスクがあります。リスクの有無や内容を明確化し、AIの予測が外れてもリスクを回避する方法を整理しておくとよいでしょう。

　分析の目標が決定したら、スケジュールを立てて分析を進めます。その準備として、データ分析にどのようなソフトを使うかを検討します。分析担当者のプログラミング経験を考慮し、経験があれば「R」や「Python」といった言語を用います。経験がなければビジュアル的な画面で分析作業ができる製品が望ましいでしょう。その場合、導入サポートや品質の保証が必要であれば商用の分析ソフトを採用します。サポートも保証も必要ない場合には、オープンソースソフトウエア（OSS）として無償で使えるものが候補になります。本書では、「KNIME（ナイム）」というOSSの分析ソフトを使って作業を進めます。

第3章

AI、IoTにおけるデータ活用プロセス

どの分析ソフトを使うかは分析作業の効率化にも大きくかかわっ
てきます。事前に各種ソフトを検討しておきましょう。

3-3 プロセス2：データの理解

　次のプロセスであるデータの理解では、データの収集と整理を実
施します。データを収集する際、想定していたよりもデータが少な
い場合があります。この原因はデータを集める人が業務やシステム
をすべて把握していないケースがほとんどです。その場合は、デー
タを集める人に、必要と考えられるデータの項目や内容を伝えてそ

経験から得た現場ノウハウ

フィジビリティスタディーのサンプルデータ期間に要注意！

　河川から取水した水質濁度の予測分析を実施した際の経験です。取水した水質状態（水温、
濁度、電気伝導度、pHなど）に応じて水質濁度を基準値範囲内に維持するため、投入する凝集
剤の適量化と凝集剤投入後の水質濁度を予測するプロジェクトでした。

　本格的なデータ分析を実施する前に、過去に収集していた水質状態のデータをサンプルデータ
として使用し、水質濁度における有効性の調査と検証のため「フィジビリティスタディー」を実
施しました。有効性の調査に使ったサンプルデータは、期間を絞り込んだ適量のデータ量でした。

　そこに落とし穴がありました。凝集剤の効果に影響を与える水温が四季によって変動し、期
間を絞り込んだサンプルデータでの有効性確認では検証不足でした。期間を絞り込んだため、
夏季の水質状態の予測となっていたわけです。その結果、サンプルデータを1年間に拡大し再
度の有効性検証を実施することになりました。

　自然環境のデータを扱う場合は「日本の四季による水温変化」、「川沿い周辺の田植え時期の
水質変化」、「上流ダムの放水の水量変化」など、年間データをサンプルデータとして準備しな
いと有効性を調査できないことがあるので要注意です。

の有無を確認します。「気温のデータはありませんか？」とか「海外の売上データはありませんか？」と具体的に問えば確認しやすいでしょう。

　データを受け取ると中身を確認し、情報を整理します。データの項目名に対し、数値データなのか文字列なのかといったデータ形式に加え、項目の意味や単位といった情報も整理しましょう。データの意味が分からなければ分析結果の説明もできなくなります。

　データの意味が分かれば、グラフによって可視化したり、最小値・最大値・平均値・標準偏差値といったデータの特徴を統計的手法で明らかにしたりします。欠損値や外れ値・異常値がある場合には情報を整理し、取り扱いを検討することが重要です。個人情報があるデータであれば匿名化し、情報漏えいを起こさないようにします。

　最後に、データの容量が非常に大きい場合には分析に必要なリソース（パソコンの性能やディスクの容量など）が足りているかも確認しておきます。

3-4　プロセス3：データの準備

　集められた情報はすべてを分析に使用できるのか判断する必要があります。業務知識を基に、分析目的に対して関係があるのか、ないのかを整理します。ここで、分析に必要のないデータを除外していきます。

　次に、データの理解で確認した欠損値・外れ値・異常値に対する取り扱いを、分析依頼

第3章
AI、IoTにおけるデータ活用プロセス

者の業務知識の観点から検討します。欠損値は、該当するレコード
を削除するのか、削除しない場合には平均値などで置き換えること
が可能か、削除すると全体の何%のデータがなくなるのか、などを
確認しましょう。削除するのは「一時的に規格外の製品を生産し
た」といった特別なイベントによる値の場合などです。何も考えず
に欠損値のレコードを削除するとデータがほとんど残らなくなって
しまうこともあります。欠損値の削除後、全体の95%の件数は確

経験から得た現場ノウハウ

データの準備にはアナログな努力がある

　機械学習の手法を適用しようとデータを準備する段階になり、そもそも「データがない」こと
で頭を悩ますことがよくあります。実際、昔ながらの職人の人たちが手書きの紙で日々情報を
管理していたケースや、そもそもデータを保存していないため新たにデータ蓄積を依頼したケー
スがありました。いずれの場合も大量の紙媒体でデータを入手、人力でデジタル化し、分析に
必要なデータセットを準備しました。アナログな作業になりましたが、手入力誤りの検出や整合
性チェック自動化の工夫によってデータを効率的に作成しました。

　表計算ソフトのスプレッドシートデータだと思っていたら中身が全部オートシェイプ（図形）
で書かれていたというケースもありました。このときは、オートシェイプの種類、座標、サイズ、
色、文字を読み込んで中身をCSV（カンマ区切り）形式に変換するマクロを作成し、必要な
データを用意しました。

　非構造データから分析用のデータを用意するには、Webから情報を収集するウェブスクレイ
ピング、音声認識、画像認識、OCR（光学的文字認識）などの技法が使われます。ほとんどの
場合、データ取得先の事情によって取得方法や整形方法が特殊なため、それぞれの事情に合わ
せたカスタマイズが必要になります。

　AIによる華々しい成果の裏で「そのデータはどうやって用意したのだろう」と想像すると、人
手による泥臭い作業の存在が見えてくることがあります。

保できるとよいでしょう。異常値や外れ値は、そのまま分析するか、削除するか、事前に決めた最大値・最小値で置換するかなどを検討します。

　分析手法によっては、数値データをカテゴリーデータに変換したり、種類を表す項目をフラグに変換したりする必要があります。これは第5章の「データのフォーマット変換」で説明しますが、モデリング手法によって使用できる変数は「質的変数」か「量的変数」かが決まっているからです。

　さらに、毎秒や毎ミリ秒のようにデータの取得間隔が短い場合には分や時間、日といった単位で集計し、集計時にはそれぞれの項目の平均値や最大値・最小値・標準偏差または微分（差）といった特徴量の項目を作成することも検討するとよいでしょう。

3-5　プロセス4：モデリング

　モデリングとは、AIによって今あるデータを学習して未来を予測したりするために必要なモデルを作る作業です。モデルとは、あるアルゴリズムを予測のために最適化したものといえます。AIにデータを与えて結果を出すのは、このモデルによって実現しています。

　まず、モデルに使うアルゴリズムを決めていきます。それは、分

図3-5　分析目標

析目標を基に決定します。アルゴリズムは数多くあり、分析目標で分類すると、数値を予測するものやカテゴリーの分類をするもの、関係性を見るものなどがあります（図3-5）。

　また、データのタイプによっても適切なアルゴリズムが変わります。そのデータのタイプとは、正解となるデータ、すなわち教師データがあるかどうかです。

　データを与えれば自動的にモデルを最適化する機械学習において、その学習のタイプには「教師あり学習」と「教師なし学習」があります。例えば、マシンが壊れたときの原因を分析するには、分析するデータの中に、「壊れた/壊れていない」のように、マシンの状態を示す項目が必要です。AIを活用するためのデータにこの項目があれば、壊れたときのデータと壊れていないときのデータを認識し学習できます。

　こうしたデータを使った機械学習を「教師あり学習」と呼びます。多くの機械学習のアルゴリズムは、この教師あり学習のタイプです。

　アルゴリズムを決めれば、集めたデータから学習作業を実行します。学習によって、アルゴリズムを最適化したモデルを作ります。教師あり学習の場合、学習用データに特化しすぎたモデルを作ってしまうことがあります。これを「過学習」といいます。過学習が起きると予測精度が低くなるため、良い学習モデルとはいえません。これを回避する方法として「正則化」などがありますが、まずは過学習が起きていないかを確認することが重要です。例えば、データを学習用とテスト用に分割し、学習に使用した

データとは別のデータで検証してモデルの有効性を確認します。

　正解データがない教師なしデータの場合、AIが今あるデータの集まりだけから分類したり判定したりします。そうしたデータで機械学習を実施する場合、学習作業の後に「プロファイリング」という作業が必要になります。これは分析結果をそのまま見ても明確な答えが出ていないため、分析結果を業務知識に当てはめて、「この分析結果は何を言いたいのか」ということを考えます。

　最後に、複数のモデルを使用した場合には精度を比較し、良い結果のモデルを選択しましょう。

経験から得た現場ノウハウ

データ分析の利用は余裕を持って計画的に

　データ分析は時間がかかるものです。分析手法やデータ量によって異なりますが、分析を1回実行するのに30分くらいかかることはよくあります。

　育児のために時短勤務をしていたころ、1日の勤務時間は6時間。保育園の閉園時間に間に合わせるために帰宅時間はずらせない状態です。そんななか、1回の分析に時間がかかるとイライラがつのります。30分かかるとすると、1日4、5回しか実行できません。

　そこでいつも「いくつかのパターンのパラメーターを設定した分析を、帰宅時に並列バッチ実行をかけて翌朝確認する」という方法を採っていました。そんなある夜、子供たちとの戦いのさなか会社から電話がかかってきました。「サーバーが高負荷でハングアップ寸前なのですが何をしましたか?」と。どうやら帰宅時にかけた分析処理がサーバーのリソースを食いつぶしていたようです。

　翌日、迷惑をかけた人たちに謝り、実行するはずだった分析を単独で実行させ、予想以上の時間をかけて分析を実行することになりました。分析の種類やデータ量によって、サーバー負荷はまちまちです。それをよく確認しながら分析処理を実行するようにしてください。

第3章

AI、IoTにおけるデータ活用プロセス

3-6 プロセス5：評価

　このプロセスでは、決定した分析目標を満たしているかを評価します。満たしている場合は次の「展開」のプロセスへ進みますが、目標を満たしていない場合にはCRISP-DMのどのプロセスから反復するかを判断します。目標を満たしていない場合には、次のようなことを検討しましょう。

(1) ほかにデータがないかを分析依頼者に確認する
(2) オープンデータで使用できるものはないか（気象データなど）
(3) データの準備が正しく行われているか。必要なデータ生成を行っているか
(4) 適用可能なアルゴリズムをすべて試しているか

　大幅に目標に達していない場合にはビジネスの理解から再検討する必要があります。分析結果は分析レポートとしてまとめます。分析目標からはじめ、データの可視化内容や統計値を説明します。そしてどのような加工をしたのか、どのような分析モデルを使用したのかを記載し、作業内容と結果を整理します。分析レポートは説明する相手に理解できる内容で作成しましょう。

3-7 プロセス6：展開

　最後に、具体的なアクションを取るために、分析レポートを基に業務の改善方法を検討します。
　分析目標によって改善方法も変わってきます。例えば、気象データから数値予測を行う場合、降水量や風速、気圧など予測する項目は多くあります。また、ある地域の降水量を予測する場合、降水量計測システムにモデルを実装するといった改善方法などが提案でき

るでしょう。

　一方、分析目標がカテゴリーの分類である場合は、数値予測ではなく、分類や判断を行うシステムが改善方法になります。例えば年間の気象データを分析することで、猛暑や冷夏、台風が多い年や降雪量が多い年などに分類できます。その分類ごとに年間の気象データの特徴や海外の気象状況を調べれば、日本の気象の動きが分かるかもしれません。エルニーニョ現象やラニーニャ現象と日本の気候との関連がしばしば言及されます。「今年の夏は冷夏か猛暑か」を予測するには夏以前のデータで分類を行い、どのカテゴリーに入るのかを分析して「猛暑になるかどうか」を判断するシステムが検討できるでしょう。

　マーケティングの場合、例えばスーパーマーケットにおいて関係性を分析目標とした際は、同時に売れる商品が分かればその商品を近くに配置変更する、といった改善方法が提案されますし、デパートで購買意欲が高い顧客に共通する特徴といった相関ルールが分かれば、そのルールにあてはまる顧客にクーポン券を配布するなどのビジネス改善が提案されます。これはオンラインショッピングを利用すると、「おすすめの商品」が表示されたりするのと同じです。

本章のまとめ

- データ分析には、適切な手順が必要になる
- 標準プロセスとして「CRISP-DM」が参考になる
- つまずいたら、標準プロセスを参考に、やり直す地点を探す

第4章

実践ステップ①
「ビジネスの理解」、
ステップ②
「データの理解」

第4章　実践ステップ①「ビジネスの理解」、ステップ②「データの理解」

データを可視化して
業務との関連を見つける

本章からデータ活用プロセスの実践的な内容に入る。「ビジネスの理解」を実施した後、データ活用の標準プロセスのプロセス2に相当する「データの理解」を始める。データ分析ソフトウエアを使って実践してみよう。

　「ビジネスの理解」では、業務内容を把握し、分析目標を設定します。「データの理解」では、「入手したデータが本当に分析可能なのか」、「どうすれば分析の精度が上がるデータになるのか」などを考えながら、データの収集と整理を実施します。本章では、「ビジネスの理解」を実施してある想定で、データを確認し、業務知識と照らし合わせて分析に関係がある項目と関係がない項目に分類します。

　そのために、統計知識によってデータの特徴を見つけ、その特徴はどういった意味なのかを整理します。例えば、自動車メーカーで市販車の燃費を分析する場合、データの中に一つだけF1のレース結果が入っていたらどうでしょう。本章で説明するデータの理解を実施すれば、F1のデータだけ他のデータと異なる見え方になるでしょう。河川の水質を分析する場合も、測定箇所の水質や水位を可視化することでデータの動きが分かります。このように、データの特徴を数値やグラフで理解しやすいようにし、業務知識と関連づける準備をします。データの理解はビジネスの理解と密接に関係するため、この工程は繰り返されます。

　データの理解では、ビジネスの理解における結果から、どのようなデータが存在していて、どのようなデータを入手できるかを考え

第4章

実践ステップ① 「ビジネスの理解」、ステップ② 「データの理解」

表4-1　データ定義書の例

項目名	フォーマット	単位	最小値	最大値	備考
日時	YYMMDD	日付	2018/01/01	2018/10/01	―
項目A	整数	g	10	100	NULL12件
項目B	実数	cm	200	3200	―
項目C	文字列	品種	―	―	―

ます。例えば、製品販売の場合には購買履歴や支払い方法はもちろん、顧客情報も存在するはずです。都道府県別のデータや国内外シェアといった情報があるのではと想定し、現場に確認すれば新たに情報が出てくることもあります。

　実際には多くの場合、使用可能なオープンデータも検討に含めます。例えば、気象情報と組み合わせることで天気や天候別の分析が可能となるでしょう。

　データを入手した後には、データ定義書を作成します（**表4-1**）。データ定義書に、データの項目をまとめ、フォーマットや単位、データの意味を整理します。データ検査を実施し、NULL（空値）や欠損値のレコード件数などもまとめるとよいでしょう。このとき、最大値や最小値などの統計量も整理します。統計量とは、母集団より無作為に抽出された標本から統計処理のために算出される数字です。例えば、日本で人気の食べ物を分析する場合には日本国内の人が母集団になりますが、日本国内全員分の情報を取るのは大変な作業になります。そこで、母集団から標本（サンプル）となるデータを抽出し、この標本を調べることで母集団の特徴を推測します（**図4-1**）。標本の全体的な分布を表す代表的な三つの統計量と

49

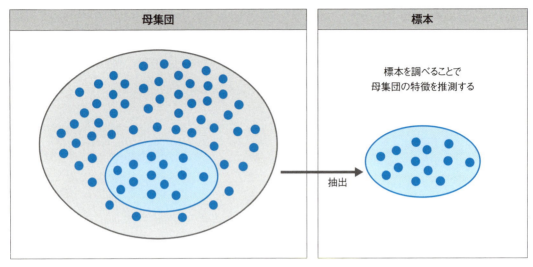

図4-1　母集団と標本の関係

して、分布の中心傾向、分布のばらつき、分布の視覚化があります。以下では、これら三つの統計量について確認しておきましょう。

4-1 分布の中心傾向

　分布の中心は、「最頻値」、「中央値」、「平均値」で表すことができます。最頻値（モード）とは、最も多い度数の階級に対する値です。例えば、身長を階級別に分けたときに一番人数が多い階級が最頻値です。ある範囲の度数をまとめたグラフをヒストグラムといいます（図4-2）。

　中央値（メディアン）とは、分布の中央にくる値です。変量を昇順か降順に並べたときに、中央にくる値のことです（図4-3）。例えば、変量を昇順か降順に並べたとき、変量の個数が奇数の場合は真ん中の値になります。偶数の場合は、真ん中の2個の値の平均値を取ります。

　平均値とは、対象となるすべての値の和を総数で割った値になります（相加平均）。また、平均値は一つの統計値として見ますが、

第4章
実践ステップ①「ビジネスの理解」、ステップ②「データの理解」

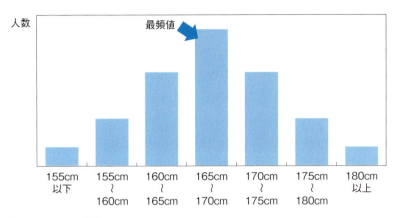

図4-2　ヒストグラム

図4-3　中央値の考え方

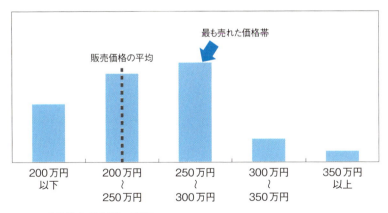

図4-4　平均値と最頻値の関係

51

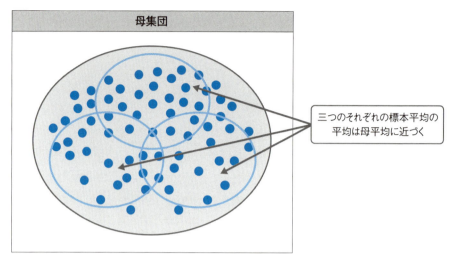

図4-5　中心極限定理のイメージ

　　　　値の分布に偏りがある場合には平均値だけでは最も多い値の把握ができません。例えば、自動車販売会社で販売実績を分析する場合、販売価格の平均値を見ることで平均販売価格が分かりますが、販売金額を50万円区切りのヒストグラムで見ると最頻値、つまり一番売れた価格帯平均値よりも高くなります（**図4-4**）。このように分布の中心傾向を見る統計量を確認するだけでも平均より高い車が売れているのか、低い車が売れているのかが分かります。

　　　　なお、平均については標本平均と母平均があります。標本平均は母集団から抽出したデータの平均値で、母集団自体の平均は母平均といいます。

　　　　サンプル数が多いときには、標本平均から母平均が推定できます。これは母集団からサンプルを抽出して標本平均を算出することを繰り返し、その標本平均の平均を見ると母平均に近づくという「中心極限定理」があるためです（**図4-5**）。

　　　　平均値には、相加平均のほか「加重平均」や「移動平均」などがあります。加重平均は、観測される値に対して重みをつけて計算す

第4章

実践ステップ①「ビジネスの理解」、ステップ②「データの理解」

る方法になります。例えば、同じ距離をオートバイで移動したとき、行きは時速80kmで移動し、帰りは時速40kmで移動した場合の平均時速の算出を「(80 ＋ 40)／2」で算出してはいけません。正しい計算は、往復の合計距離を往復にかかった時間で割るということです。

　移動平均は、時系列データにおける一定区間の平均値を計算する方法です。計算方法は、移動平均を求めたい区間の中心となるデータから、前後のいくつかのデータを足して平均を取る方法です。変動の激しい株価などでは5日や25日といった移動平均値を算出し、現在の株価との乖離を見ることで売買の判断材料とします（図4-6）。

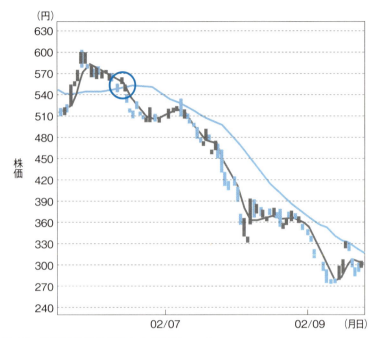

図4-6　移動平均線を使用した株価チャート

4-2　分布のばらつき

　分布のばらつきを見るには、データの最大値と最小値の差（レンジ）と「四分位数」を見ます。四分位数とは、データを順番に並べたときの下から25％と50％、75％の値で、さらに25％から75％までの範囲を「四分位範囲」といいます。これらの値を視覚化するグラフを「箱ひげ図」と呼びます（**図4-7**）。これによりデータの過半数はどの辺りの値かが分かります。

　データ1個当たりのばらつき度を見るには「分散（不偏分散）」があります。不偏分散は偏差平方和（標本の各データから標本の平均値を引き、二乗した総和）を自由度（標本数-1）で割った値です（**図4-8**）。

　分散は、各標本値が標本の平均値からどのくらい外れているかを

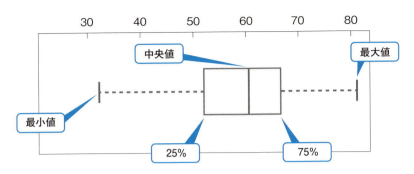

図4-7　箱ひげ図の見方

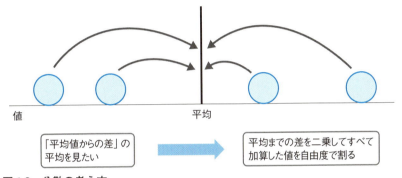

図4-8　分散の考え方

示していますが、全標本の平均からの差を足すと「0」に近づくため、二乗した総和となっています。しかしこれでは元の数値の単位と大きく変わってしまいます。そこで分散の平方根を取ることで、単位を合わせた数値を使用します。これが標準偏差になります。

　標準偏差を使った例として学校別の成績平均を見た場合、A中学校は平均70点、B中学校は平均65点とした場合、A中学校のほうが成績が良いと思われますが、A中学校の標準偏差が24、B中学校の標準偏差が4だった場合にはA中学校は点が高い人や低い人がいて成績にばらつきがあると分かり、B中学校は全員の成績が同じくらいと分かります（図4-9）。

 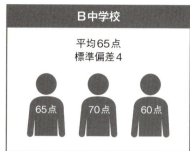

図4-9 標準偏差でデータを比較する例

　また、統計学では正規分布に基づく考え方がよく使われます。正規分布とは、世の中の事象は平均値を基準に集まっているという分布です。正規分布を基に標準偏差値からどのくらい外れているかを見ると、異常値かどうかが分かるという性質があります。

　正規分布に従うのであれば、標準偏差に入るデータは68.27％、標準偏差の倍の値までに入るデータは95.45％、標準偏差の3倍の値までに入るデータは99.73％であることが分かっています。そのため、一般的に標準偏差の2倍は外れ値、標準偏差の3倍は異常値と定義されます（図4-10）。

　先述した「分散」の説明で出てきましたが、「自由度」という言葉があります。不偏分散とは、母集団から抽出した標本データによって母集団の分散を推定している値です。自由度とは、標本数から1を引いた値になりますが、これは母集団から標本を抽出する場合、母集団の最大値と最小値の範囲内から抽出するため、平均的にばらつきが小さくなります。そこで、標本数から1を引いた値で割ることによって調整し、母集団の分散値に近づけています（図4-11）。

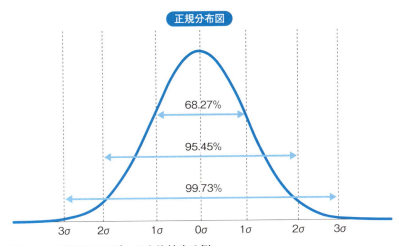

図4-10 標準偏差でデータを比較する例

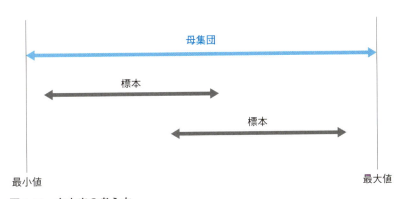

図4-11 自由度の考え方

　ここまでいろいろな統計量を見てきましたが、算出するには計算式が必要です。ただ最近では、式を覚えなくても分析ソフトがあればコンピューターが計算してくれます。統計値の意味さえ理解しておけばまったく問題ありませんので、コンピューターの力と分析ソフトの力を借りていろんな統計値を出していきましょう。

4-3 分布の視覚化

　平均や標準偏差といった統計量を数値で表すことも重要ですが、グラフで視覚化すれば分かりやすくなります。例えば、ネジの製造ラインで完成後のネジの重量を測定している場合、基準より短い不良品は重量の平均値や標準偏差を見れば分かりますが、ネジの重さごとのヒストグラムで表示すると、どのような重量の製品があるかすぐに分かります（**図4-12**）。

　また、ヒストグラム以外でも、時系列で日々の動きが分かる折れ線グラフでデータを視覚化すると、季節ごとの動きが表れたりします（**図4-13**）。

　これ以外にも棒グラフ、円グラフ、散布図、箱ひげ図といったグ

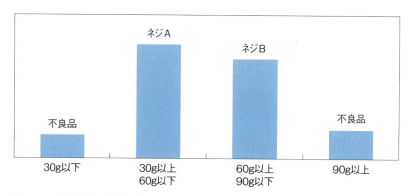

図4-12　製造したネジの重量を表したヒストグラム

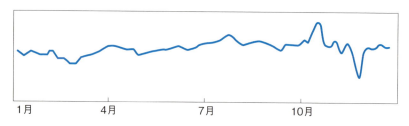

図4-13　製造したネジの1日の平均データによる折れ線グラフ

ラフの使用も検討しましょう。

4-4 データの尺度

統計学ではデータの種別を「尺度」で分類することがあります。尺度は、データを分析するときに適用できるモデリング手法にも影響します。尺度には、「質的尺度」と「量的尺度」があります。

・質的尺度（質的変数）

数値ではない、もしくは数値で計算して意味がない値です。他と区別するための名称（カテゴリー）や順序、大小を定義したものになります。出身地や性別が代表例です。

また、数値でも1位や2位といった順位、アンケート結果の集計における1、2、3という数値が「良い」、「普通」、「悪い」を表しているのであれば、数値で計測できないものになります。数値ではないため分布の中心を見る場合は平均値ではなく最頻値や中央値で把握する必要があります。分布のばらつきはデータの取り得る範囲で把握します。

・量的尺度（量的変数）

数値で計算して意味がある値です。温度や湿度、身長など目盛りや距離が一定で数値の差などに意味があるものです。数値の場合には分布の中心を平均値で捉えられます。合わせて、最頻値や中央値でも捉えることができます。ばらつきについても、範囲だけではなく、四分位範囲、分散、標準偏差で把握できます。

4-5 データの品質検査

データの品質検査では、エラーとなる値がないかを確認します。

量的変数の例では、業務的な意味を考えてエラーかどうかを判断します。

　自動車保険の契約は、「200歳」という契約があったとき、世界の最高年齢を考えるとありえない数値なのでエラーと考えるべきでしょう。通常にはありえる年齢でも14歳のように運転免許が取れる年齢以下であるとエラーとなります。このように統計的基準とは別に経験やルールの複数の組み合わせも考慮して外れ値かそうでないかを判断することがあります。

　外れ値や異常値があった場合には、それらの値をどうするか検討する必要もあります。統計的基準で考えると平均値から±2標準偏差以上離れた値を外れ値として削除することを検討しますが、この値はなぜ存在するのかを知る必要があります。例えば、特別な業務イベントにより一時的に別の製品を少量だけ製造したという場合にも、業務知識の観点から削除することが検討されます。

　質的変数の場合は、カテゴリーごとに集計して確認します。例えば、スーパーマーケットの場合には販売製品ごとに集計します。このときに商品カテゴリーを見ると、12月の集計なのに夏限定商品が含まれていれば入力ミスが考えられます。

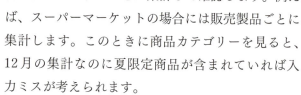

　また、集計値が業務知識にあっているかを見ることも重要です。スーパーマーケットでは天気の影響で野菜の不作が発生した時期にキャベツの売り上げが高いといった場合には「本当に正しいのか？」、正しければ「何かイベントはなかったか？」を確認しましょう。

第4章

実践ステップ①「ビジネスの理解」、ステップ②「データの理解」

　さらに、少数のカテゴリーは「カテゴリー結合」の目安となります。例えば、10カテゴリーのうち5カテゴリーが全体の5%に満たない場合は、これらを「その他」として結合し、最終的に6カテゴリーにしてから分析を進めることを検討します。

■ 業務知識を合せてデータを理解しよう

　このようにデータの理解では統計手法を使ってデータの特徴を分かりやすくし、そこに業務の知識を合わせることによって、AIで分析するために適したデータとは何かを理解することです。これらの作業は表計算ソフトでも可能ですが、データ分析ソフトであれば簡単に特徴を発見できますので実践してみましょう。

■ 本章のまとめ

- データの理解とは、データを可視化して分析に関係がある項目を調べること
- 統計処理やグラフ化により、データを可視化する
- データには質的なものと量的なものがある

61

▶▶ データ分析ソフトで実践！

「データの理解」

　ここから、オープンソースのデータ分析ソフト「KNIME（ナイム）」を使ってデータの理解の作業を実践してみましょう。KNIMEの導入方法と操作の詳細については、付録「KNIMEの使い方」を参照してください。

　また、使用するデータは本書籍の案内ページ（https://tech.nikkeibp.co.jp/go/maesyori.html）にあるリンクからダウンロードしてください。ダウンロードした圧縮ファイル（ensyu.zip）をローカルPCのフォルダーに展開します。本書では、「c:¥ensyu¥」という名前のフォルダーを作成し、ファイルを格納している前提で説明しています。

　KNIMEは主にデータを可視化したり分析したりする機能を提供します。KNIMEを起動すると「Workspace」のフォルダーを指定する画面が表示されます。それを指定し、「Launch」を押すと、操作画面が表示されます。

　KNIMEでは、分析作業をワークフローとして定義します。ワークフローは「ノード」と呼ぶ単機能をつなぎ合わせます。例えば、ファイルの読み込みは「File Readerノード」となります（**図4-14**）。これをワークフロー作成画面にドラックアンドドロップして、定義していくわけです。

　まず、サンプルデータを使った可視化の作業を説明します。サンプルデータ「visualisation.csv」は、鉄板製造工場の1年間に製造した鉄板の1日の平均厚さです。サンプルファイルの1列めには日付

が2列めには平均厚さが入っています。まず、ファイルを読み込むため「NodeRepository」の「IO」-「Read」からFile Readerノードをワークフロー画面にドラッグアンドドロップして配置し、配置したノードをダブルクリックで設定画面を開きます。

図4-14　File Readerノード

　File Readerノードの設定画面で「c:¥ensyu¥」フォルダーから「visualisation.csv」を読み込みます（図4-15）。

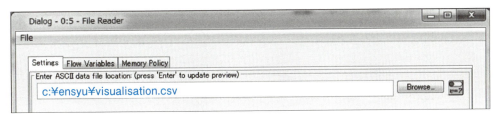

図4-15　File Readerでファイルを読み込むところ

　1行めには「RowID」「日付」「平均の厚さ」といった項目名が入っています。この1行めをヘッダーとして認識させるため、「ファイルから項目名を読み込む」設定である「read column headrs」にチェックが入っていることを確認します。次に日付をラベルと認識させます。そこで、画面中央にある「ファイルからIDを読み込む」設定である「read row IDs」にチェックを入れます（図4-16）。

63

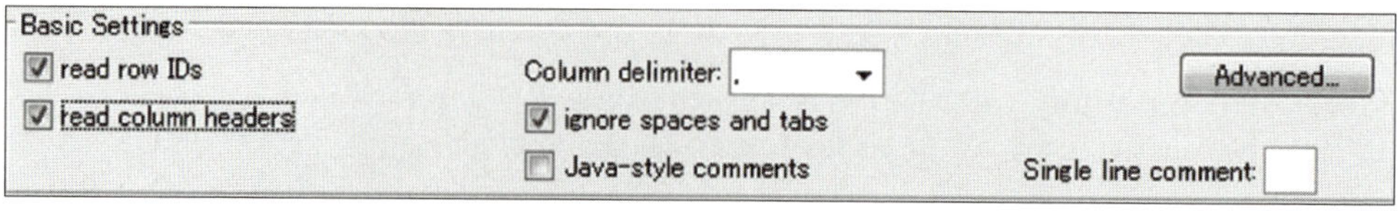

図4-16 ファイルの読み込みにおける設定画面

ファイル内容が表示されたら、File Reader設定画面の左下に表示されている「OK」を押します（図4-17）。

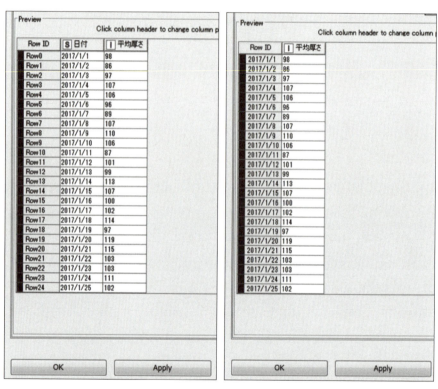

図4-17 ファイル内容が表示されたところ（左が「read row IDs」チェックなしで、右がチェックあり）

設定が完了すれば、図4-18のようにFile Readerノードの信号が黄色に変わります。

図4-18　File Readerノードの信号が黄色に変わる

　File Readerノードをマウスで右クリックし、メニューが表示されたら「Execute」を選択します（図4-19）。

図4-19　実行メニュー

　アイコンが黄色信号から青信号に変わったことを確認しましょう。これでファイルの読み込みは完了です（図4-20）。

図4-20　File Readerノードの信号が青色に変わる

　次に、平均厚さデータの推移を見るには折れ線グラフを使用します。折れ線グラフを表示するため「views」の「Line Plotノード」をドラッグアンドドロップで配置し、File Readerノード右側の三角の突

起からLine Plotノードの三角の突起までドラッグアンドドロップにより関連線を接続します。Line Plotノードの設定は不要ですので先ほどのファイルの読み込みと同様の手順で実行しますが、このノードには「Execute and Open Views」という、実行後に結果を表示する実行方法が指定できますので、こちらを実行します。実行結果の折れ線グラフを見ると1年の厚さの遷移が分かります（図4-21）。

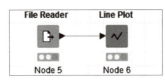
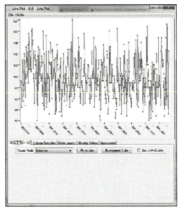

図4-21　折れ線グラフの例

　データの分布を見るにはヒストグラムを使用します。ヒストグラムを表示するには「Histogramノード」を使用します。ダブルクリックで設定画面を開きます。Histogramノードは、「Aggregation columns」にある項目の統計値を算出するため、「平均厚さ」を選択し、「add>>」ボタンで「Aggregation columns」に移動します。折れ線グラフと同様に「Execute and Open Views」で実行します（図4-22）。接続すると厚さの分布が分かります（図4-23）。

図4-22　Histogramノードの設定画面

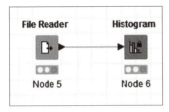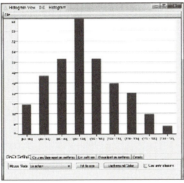

図4-23　ヒストグラムの例

　データのばらつきを見るには箱ひげ図を使用します。箱ひげ図を表示するには「Box Plotノード」を使用します。手順は折れ線グラフの表示方法と同じです。箱ひげ図を見ると、データのばらつきが分かります（**図4-24**）。

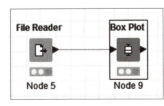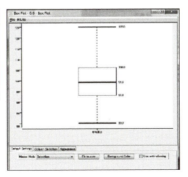

図4-24　箱ひげ図の例

経験から得た現場ノウハウ

終わりのない可視化分析の罠

　分析プロジェクトを進める際、可視化や集計は初心者でも手軽に着手できるうえ、作業の結果が明確な形で資料に残るため人気の手法です。近年は可視化用ツールやプログラミング言語の各種ライブラリも充実し、誰でも気軽にトライできるようになりました。

　ただ、ここに思いもよらぬ落とし穴があります。本来であれば、分析者にとって有利に働くはずの手軽さも、その利便性の本質をよく吟味せずに適用を繰り返すと、プロジェクトの開始から終了のときまでひたすら可視化と集計だけを繰り返すという危険性が潜んでいるのです。

　例えば、あるコンビニエンスストアで新規に取り扱いを開始する予定のAという商品のマーケティング戦略を定めるため、過去のデータから手がかりとなるような示唆を得たいとします。手始めに、Aという商品の売れ行きに関係のありそうなデータをいくつかピックアップし、これらを軸に可視化してみることを考えました。

　まずは類似商品Bの販売データと天気、季節、時間帯、顧客の性別や年代などを用い、天気ごとのBの売れ行き、季節ごと、時間帯ごと、性別、年代といったように、属性別に分析を進めていくと、やがて資料ができあがります。

　しかし、さらに別の類似商品であるCとの比較もしなくては落ち着かなくなってきました。同様の分析を実施し、また資料ができあがります。BとCの資料を比べてみると、イマイチしっくりくる結果が得られません。「そうだ、それなら各季節における天気（春夏秋冬×晴曇雨雪：16パターン）や、さらに加えて性別（16×2：32パターン）、よし10代ごとに区切った年代（32×10：320パターン）も掛け合わせてやるぞ！」と意気込み、気づいたら320パターンの分析結果が目の前に広がります。さらに同じパターンをCに適用すると2倍の640パターン、ダメ押ししてこれを年度ごとに10年分やりたいとなったら…。

　このような問題に対し、一般的には機械学習で効率的に分析しますが、時にはユーザーの要望で"絨毯爆撃的な可視化分析"を求められる場合もあります。そして大抵の場合、「作ったはいいがどうやってこれを読み解くのだ」と、プロジェクトの末期になって途方にくれることになるのです。

> 経験から得た現場ノウハウ

可視化だけでも見えることは多くある

　データ活用のとき、「機械学習」や「ディープラーニング」といったはやりの手法を使いたくなります。これらの手法は有効なやり方ですが、データを可視化するだけでも分かることは多くあります。

　例えば、金属部品を使用した機械製品であれば、故障件数をグラフ化したとき、夏に故障が多いと熱膨張の原因が疑われます。私は定期的に1kgのアーモンドを購入しています。そして配送されたら重さを量って1kg以上あるかを確認しています。可視化すると1kg以上の値の正規分布になるので、とても良心的なお店のようです。

　このように身の回りの出来事についてもデータを集めて可視化してみると、いろいろなことが分かるでしょう。世の中の事象の多くは正規分布に従うといわれています。人の身長や体重もサンプル数が多くなればなるほど正規分布が描かれます。野球の打率などもそうでしょう。インターネット上に野球や相撲、サッカーなどのデータがありますので可視化してみてください。

　可視化したときに正規分布の形が歪んだグラフは要注意です。左の図は私が1kgのアーモンドの重さを量ったデータの可視化です。自然な正規分布を描いていますが、右のグラフのように不自然に凹んでいる場合には人為的な意図が入っていることが考えられます。例えば、スポーツの世界のデータでは、勝ち越し確定の人や負けっぱなしで勝敗に影響がない人が、負け越しギリギリの人にわざと負けるといったことです。

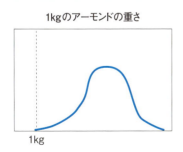
1kgのアーモンドの重さ
1kg

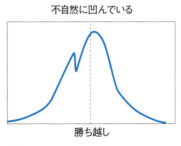
不自然に凹んでいる
勝ち越し

第 5 章

実践ステップ③
「データの準備」

第5章　実践ステップ③「データの準備」

不要データ除去やサンプリングでデータの品質向上と削減

ビジネスの理解、データの理解に続いて、「データの準備」を実施する。いよいよ実際のデータの質を高める前処理の中核になる。業務知識と合わせて検討し、不要なデータを除去したり、サンプリングしたりすることで、データの品質向上や削減を遂行しよう。

　「データの準備」は、業務知識とデータを関連づけ、分析に適したデータに加工する作業です。「データの理解」ではデータの特徴を見つけましたが、データの準備ではデータの特徴がそれぞれの業務知識と照らし合わせるとどういう意味をもつのか、業務と照らして異常な部分がないかなどを見ます。データは、業務知識と一致してはじめて分析に適したデータとなります。

　その最初の作業は、必要なデータの選択です。データの理解の結果で明らかになった「どのデータ項目が必要か」を考慮し、データを選択します。分析の目的に関係がないデータは分析結果に悪い影響しか与えません。したがって、そのようなデータを削除します。

　例えば、ネジを作る製造ラインの製造不良を分析する場合、ネジを作るIoT機械のセンサーデータを分析しますが、ネジの原料となる鋼材の製造データも合わせて入手できた場合、分析に必要かどうかを検討します。原料データと製造データとの関連づけができるような項目があれば使えますが、そうでなければ使用できません。そもそも、原料はチェックされていて、問題ない原料を使うのであれば、そのデータは不要と考えられるでしょう。

　複雑なケミカル製品を作る場合にも、同じ考え方が当てはまりま

す。原料を混ぜ合わせる工程、化学反応を起こして安定させる工程、熱処理を行う工程など、多くの工程があります。企業によっては同様のラインが複数あります。この場合、同一ラインのデータに絞ることが必要になります。全工程のデータを分析対象とするのではなく、関係ない機器のデータを削除することも検討する必要があります。

　次に、データが取れていない欠損値の対応です。欠損値がある場合には、なぜ欠損値が発生しているのかを考えます。センサーの仕様によってときどきデータが取れないのか、もしくは欠損値の部分は「0」の値で「0」以外だけを記録するような仕様なのか、などです。前者の場合は正しく取得されていないためレコードの削除を検討しますが、後者の場合は欠損部分を「0」で補完すればよいと考えます。

　そして異常値がある場合には、その異常値は分析に含めるべきなのかを検討します。例えば、第4章で自動車の燃費を分析する例を挙げましたが、データの理解で「他と異なるデータ」が認識できれば、「時速300kmを超える車」は業務知識によって「これはF1のようなレース用のデータが混在しているのではないか」と考えられます。この場合は「分析対象外のデータ」と判断できます。

　水質調査の例でも同様です。データの理解によって水質がひどく悪くなる日時が判別できると「その日はダムの放水があった」「台風が来ていた」といった業務知識を合わせることで、分析に適したデータに加工できます。

　続いて、データ型の変換や正規化を行います。次章の「モデリング」ではデータ型によって使用できるモデリング手法を選択します。もともとのデータ型に合わせてモデリング手法を選択するケースもありますが、データ型を変換できればさらに多くのモデリング手法を適用できます。

　モデリング手法に合わせてデータ型だけではなく、正規化も検討する必要があります。これは、モデリング手法によってはデータ間

の「距離」で計算する場合があり、この際に数値の単位が異なると正しく計算しづらいからです。例えば、全社員の体重と身長、摂取カロリーのデータを分析する場合に、それぞれの数値は体重が数十kg、身長が数百cm、カロリーが数千kcalと単位がバラバラです。そこで一定の距離に合わせて変換する作業、すなわち正規化を行います。例えば、すべてのデータを最小値が「0」で最大値が「1」になるように変換するという作業です。

最後に、サンプリングや集約を検討します。IoT機械によっては数ミリ秒間隔でデータを取得し、非常にデータ量が多くなっています。大量データを分析する処理基盤が整っている場合には全データを対象として分析してもよいですが、通常のパソコンで分析する場合にはサンプリングによるデータ削減を検討します。データ削減ではサンプリングだけではなく、ミリ秒データを秒や分で集約するということも検討します。分析する目的によっては集約すると結果が出やすい場合もあります。

例えば株価チャートでは1日の動きを細かく表した「日中足チャート」がありますが、1日を集約して表した「日足チャート」、1週間を集約した「週足チャート」、1カ月を集約した「月足チャート」も用途に応じて使われます。つまり、細かければ分析に適しているのではなく、分析の目的によっては集約したほうがよい場合があるのです。

それでは以下に、各作業の詳細を見ていきましょう。

5-1 データの選択

まずデータの選択です。ここでは、分析に使用するデータセットを選択します。データセットとは分析にかけるデータのまとまりです。選択に当たっては、次のことを考慮します。

（1）分析目標に関係ない項目を削除し、必要なデータ項目を選

第5章
実践ステップ③「データの準備」

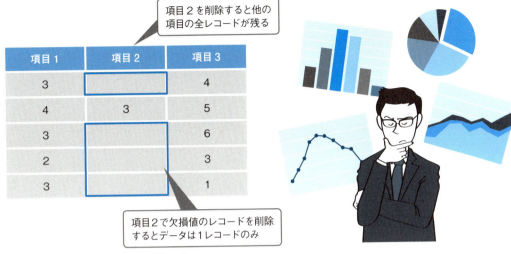

図5-1　レコード削除と項目削除の違い

択します。多くのデータを集めたときには分析とは関係ないデータが入っていることがあります。分析の目的と業務を理解し、関係ない項目は削除しましょう。

（2）欠損値が多いデータやデータ取得時のミスによってデータの品質が怪しいものは、削除を検討します。欠損値が多い項目のレコードを削除するとデータが少なくなる場合もあります。その場合、欠損値が多い項目自体を削除し、レコード件数を確保することを考えましょう（**図5-1**）。また、センサーデータの場合、欠損値はないが、数値が怪しい場合があります。「ある期間のデータは業務的な意味から読み解くと値がおかしい」といったことです。このような場合には有識者を交えて正しいデータの期間などを探し出す作業が必要になります。

（3）データ量が大きすぎる場合には、サンプリングによってサイズを小さくすることも検討します。市販のパソコンで分析する場

合にはデータ量が多いと分析の計算に数日要する場合もあります。そこで、入手したデータをすべて使用するのではなく、ランダムに抽出して小さなデータにしてから分析にかけます。このときに注意する点は、データの偏りです。データを抽出した結果、一部のカテゴリーのデータが多すぎたりすると分析結果にも影響があります。例えば、好きな果物ランキングを作るときに、全国からデータを抽出せずに青森県だけからデータを抽出すると全国のデータとは結果が異なる可能性があります。このような場合には「層化抽出法」を使用します。層化抽出法は抽出する前のカテゴリーの比率に合わせて抽出する方法であり、好きな果物ランキングの例では都道府県の人口比率に合わせた抽出になります。

（4）異常の状態を分析する場合、異常時のデータが少なく、正常時と異常時のデータ数に差がありすぎると正しく学習されないケースがあります。このような場合には、異常時データを増やすか正常時データを減らすかしてデータ数を合わせることを検討します。また、モデルが正しく学習されているか、過学習が起きていないかを検証する場合には、学習用と検証用のデータセットに分割することを検討しましょう。

（5）相関関係が高い項目がある場合には、どちらかの項目を削除することを検討します。相関関係を調べるには相関係数（r）を見ます。相関係数は「-1」から「1」までの値を取り、絶対値で「1」に近いほど関係が強く、「0」に近いほど関係が弱くなります。相関係数がプラスの場合は正の相関、マイナスの場

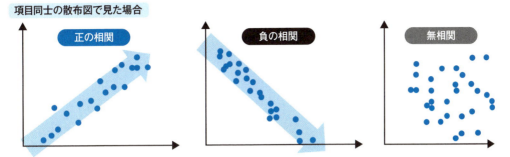

図5-2 散布図から見る相関関係

合は負の相関を表しています（図5-2）。
　相関関係の目安は次のようになります。
　0から0.2：関係なし
　0.2から0.4：弱い関係
　0.4から0.7：中くらいの関係
　0.7から1：強い関係

　（6）最後に、分析対象のデータ項目の選択に当たり「データ選択リスト」を作成します。データ選択リストにはデータ項目の選択/除外理由をまとめておくと、次回の分析にも役立ちます。

5-2　データのクリーニング

　次に、選択したデータセットに対し、データのクリーニングによってデータの品質を向上させます。以下にその方法の例を記載します。

　（1）欠損値、空白値がある場合にはレコードの削除だけではなく、「デフォルト値はないか」「平均値ではだめか」といった訂正方法も検討します。特に、平均値で補完する場合には業務的な知識と合わせて判断しましょう。欠損値のレコードを削除する場合は、そ

のレコードが分析の対象外になりますが、欠損値を平均値などで補完するということは、そのレコードが分析対象となるため、分析に影響が出てきます。欠損値の部分は異常な値でセンサーが記録できなかったとしたら、補完方法を考える必要があるでしょう。判断のために重要な情報は「なぜ欠損値が発生しているか」です。

（2）外れ値や異常値の意味を業務知識と擦り合わせて処理方法を検討します。考え方は欠損値と同じです。外れ値や異常値がなぜ発生しているのか、いつどういう状況で発生したのかをチェックします。理由が分かれば分析対象からはずすべきか、分析対象とするか、もしくは正常値の範囲に補正するかという判断になります。

（3）例外的なデータを業務知識を持ってクリーニングする場合があります。例えば、センサーデータによっては負の値があるが、業務的には負の値が存在しないといったことがあります。このような場合は負の値を「0」に訂正することを検討します。

5-3 データの構築

データセットに新たな派生項目、レコードなどを追加して、分析に必要なデータの構築を行います。派生項目は同じレコード内の一つ以上の既存項目から構築される新しい項目です。例えば、体重と身長からBMI（Body Mass Index）を作成するといったことです。

データの取得は通常、データベースなどをデータソースとしますが、業務に関する知識から考えると、分析に必要なデータがデータソースにないこともあります。例えば、医療における特定の病気の人の分析や特定の薬を使用している人の分析といった場合は分析目的が明確ですが、生産機械における異常停止の分析や生産性低下原因の分析といった場合には、分析目的が不明確であり、あらかじめ

分析に必要なデータを取っていません。

この場合は、業務知識から生産機械が通常停止した部分だけではなく、異常で停止した状況が分かるような項目を生成する必要があります。生産性低下についても、平均的な生産数からどのくらい低下した状態かを定義し、項目を作る必要があります。ほかにも項目を作る方法としては、ミリ秒や秒といった細かく取得されたデータを分や時間で集計して、それぞれの最大値・最小値・平均値などの統計値により構築する方法、指数変換やフーリエ変換といった数学的変換方法などがあります。

また、量的変数を意味のある質的変数に変換する方法では、生命保険のように年齢よりもライフイベントごとにカテゴリーを分けて考えるケースがあります。年齢ごとのカテゴリーではなく社会人になるまでのカテゴリーや定年退職後のカテゴリーといったことです。ライフイベントのような明確なカテゴリー分けが難しい場合には、数値の大きいほうから等間隔に分ける「デシル分析」という方法などがあります。

新たな項目を作る場合には、業務知識を活用し、有識者を集めて検討しましょう。

5-4 データの統合

データの統合では、複数のテーブルや他の情報を組み合わせて新しいデータソース（テーブル）を作成します。モデリングを行う場合には通常、複数の情報を個々に分析するのではなく一つのデータソースとして分析します。そのため、モデリングまでには統合した一つのデータソースを用意する必要があります（**図5-3**）。

時間	ID	検査
10：00	1	合格
10：01	2	合格
10：02	3	不合格

時間	ID	検査	鋼種	長さ	重さ
10：00	1	合格	アルミ	10	100
10：01	2	合格	鉄	15	250
10：02	3	不合格	銅	15	200

ID	鋼種	長さ	重さ
1	アルミ	10	100
2	鉄	15	250
3	銅	15	200

図5-3　データの統合

5-5　データのフォーマット変換

　フォーマット変換とは、質的データを量的データに変換するように、データの意味を変えずにデータの形式を変えることです。これは量的データを対象としたモデリング手法に対し質的データを対象として分析する場合に有効です。代表的なフォーマット変換として「フラグ化」があります。

　フォーマット変換時、変換する項目名を、元の項目名も含めたユニークな項目名に変換する必要があります。これはフォーマット変換前後で項目名による混乱を起こさないようにするためです（図5-4）。

　また、量的データの場合は、集計によるフォーマット変換があります。例えば、デパートの販売データの場合、売り場ごとの販売データがあります。このデータを月ごとで集計します。

第5章

実践ステップ③「データの準備」

フォーマット変換前

時間	鋼種	検査
10：00	アルミ	合格
10：01	鉄	合格
10：02	銅	不合格

フォーマット変換後

時間	鋼種	検査＿合格	検査＿不合格
10：00	アルミ	1	0
10：01	鉄	1	0
10：02	銅	0	1

図5-4　フォーマット変換前と変換後（検査項目のフラグ化）

フォーマット変換前

年月日	売り場A	売り場B	売り場C
2018/02/01	120	200	150
2018/02/01	130	180	160
2018/02/01	100	170	150

集計後

年月	売り場A	売り場B	売り場C
2018/02	3000	6000	4800
2018/03	3200	5800	4900
2018/04	3500	5900	5000

集計後の表を行列変換

売り場	2018/02	2018/03	2018/04
売り場A	3000	3200	3500
売り場B	6000	5800	5900
売り場C	4800	4900	5000

図5-5　量的データのフォーマット変換の例

さらに集計後、表形式のデータは行列変換を行うことができます（**図5-5**）。この手法は、毎秒出力されるようなデータを分や時間で集計する場合にも使われます。

フォーマット変換と同様な変換で「ダミーコード化」というものがあります。線形回帰分析やロジスティック回帰分析では、説明変数が量的変数でなくてはならないため、質的変数を量的変数に変換する必要があります。そのため、フォーマット変換でフラグ化を行いますが、このときに冗長な項目を削除します。これをダミーコード化といいます。

図5-6のように乗客のカテゴリーが3種類ある場合、ファーストクラス、ビジネスクラス、エコノミークラスの三つの項目を作成します（フラグ化）。次に、冗長な項目である「乗客_エコノミークラス」を削除します。なぜなら、「乗客_ファーストクラス」「乗客_ビジネスクラス」が決まれば、必然的に「乗客_エコノミークラス」の有無が決まる性質があるからです。回帰分析ではダミーコード化を行わなければ正しい結果が得られません。

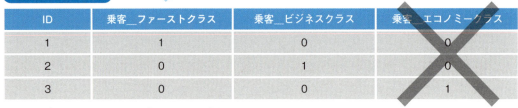

図5-6　ダミーコード化前とダミーコード化後

第5章

実践ステップ③「データの準備」

■実践では業務担当者と実施する

　本章では、AIに学習させるためのデータを準備するプロセスについて、解説してきました。不要なデータを除去し、品質を高めると同時に、データの削減を図るといった作業について、各種ノウハウを紹介しました。実践では業務担当者と業務内容を突き合わせながら、こうした作業を進めていきます。これによって、大量データに頼らなくても精度と効率が良いAIを実現できます。データ活用ソフトでの実践をはさみ、次章のAIの学習モデルを作るプロセスに進みましょう。

■■ 本章のまとめ

- ●データの準備は、業務知識とデータを関連づけて、AIに学習させるためのデータを準備するプロセス
- ●データの選択からはじめ、欠損値や異常値への対応を図る
- ●データのサンプリングや集約など、データ削減も実施して効率化を図る

▶▶▶ データ分析ソフトで実践！

「データの準備」

　では、KNIMEを使ってデータの準備を実践してみましょう。サンプルデータは、第4章のデータ可視化で使用した鉄板製造工場のデータに平均重さを追加したデータです。このデータには数値で表示されない欠損値やマイナスといった異常値が入っています。そこで統計値を見てデータを確認し、確認内容から前処理を実施する作業をします。サンプルデータのダウンロードについては第4章の「データの理解」における「データ分析ソフトで実践！」を参照してください。

　まず、統計値を見てみましょう。KNIMEを起動し、ノードを配置するワークフロー画面を準備します。次に、ファイルを読み込むためFile Readerノードを配置します（図5-7）。

図5-7　File Readerノード

　File Readerノードの設定画面にて「c:¥ensyu¥cleansing.csv」を読み込む設定をします（図5-8）。

第5章
実践ステップ③「データの準備」

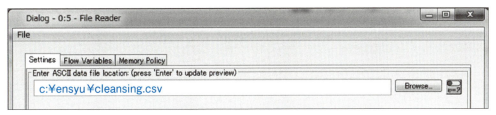

図5-8　File Readerノードの設定画面でデータを読み込む設定を実施

　今回のサンプルファイルにも1列めに日付が入っており、日付をIDとして認識させるため、read row IDsにチェックを入れます。また1行めには列を説明するラベルを入れるため、read column headersにチェックが入っていることを確認します（図5-9）。

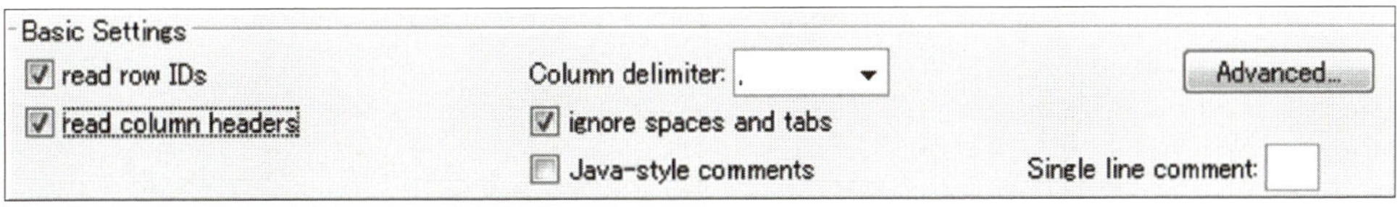

図5-9　日付の行をIDとして認識させるための設定

　File Reader画面下部のデータ内容を見てみると、値がないと認識されている「?」が表示されています。これは欠損値があるということです（図5-10）。また、平均重さにはマイナスの値が表示されています。

85

Row ID	S 日付	I 平均厚さ	I 平均重さ
Row21	2017/1/22	?	995
Row22	2017/1/23	?	-5
Row23	2017/1/24	?	-5
Row24	2017/1/25	105	-5
Row25	2017/1/26	97	995
Row26	2017/1/27	90	-5
Row27	2017/1/28	110	-5
Row28	2017/1/29	101	1000
Row29	2017/1/30	?	?
Row30	2017/1/31	?	-5
Row31	2017/2/1	?	995
Row32	2017/2/2	?	995
Row33	2017/2/3	96	?
Row34	2017/2/4	103	1002
Row35	2017/2/5	101	?
Row36	2017/2/6	102	?
Row37	2017/2/7	105	1003
Row38	2017/2/8	99	1003
Row39	2017/2/9	102	?
Row40	2017/2/10	84	-5
Row41	2017/2/11	90	-5
Row42	2017/2/12	94	998
Row43	2017/2/13	98	998
Row44	2017/2/14	92	995
Row45	2017/2/15	96	999

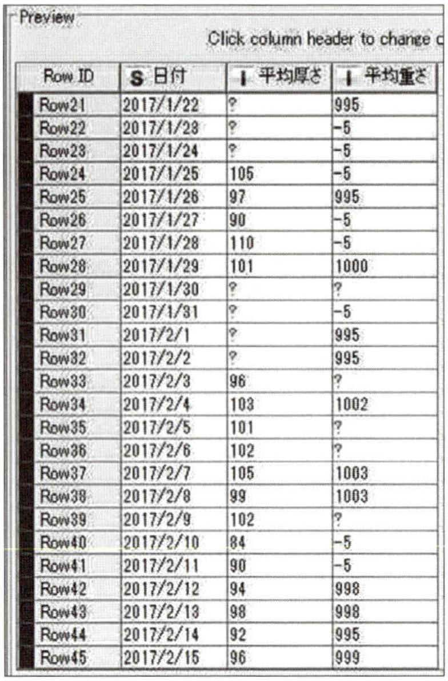

図5-10　欠損値の表示

次に、ワークフロー画面に統計値を算出する「Statisticsノード」をドラックアンドドロップで配置し、File Readerノードから接続します（**図5-11**）。

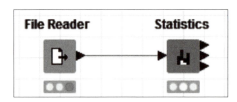

図5-11　Statisticsノードの接続

Statisticsノードの設定画面で統計値を取得したい項目が「Include」にあることを確認します。Statisticsノードは「Include」にある項目のみに対して統計値を算出します。

もし、統計量と算出したい項目が「Exclude」にある場合には、

算出したい項目をマウスでクリックし、「add」ボタンで「Include」に移動しましょう（**図5-12**）。

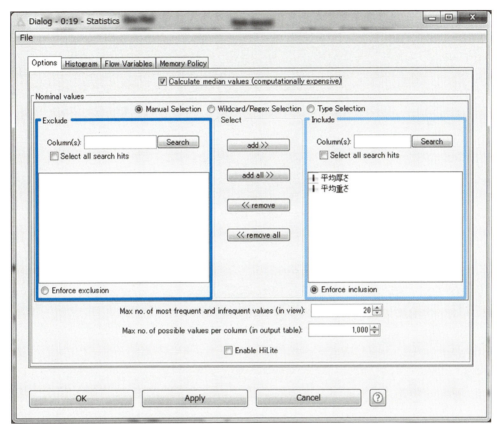

図5-12　Statisticsノードの設定画面

　またメディアンを表示する「Calculate median values」にチェックを入れましょう（**図5-13**）。

　Calculate median valuesはメディアンつまり中央値の算出オプションです。メディアンの計算には時間がかかるため、デフォルトの設定ではチェックが入っていません。そのため、中央値が必要な場合にはチェックを入れましょう。

図5-13 メディアンの表示を設定

設定が終わればStatisticsノードを「Execute and Open Views」で実行すると結果画面が表示されます（図5-14）。

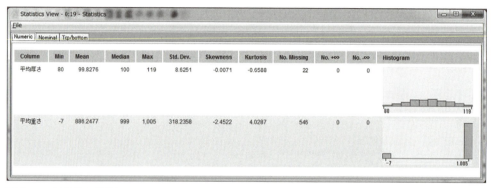

図5-14 統計値の確認

　実行結果を見ると「平均重さ」の「min」、つまり最小値にマイナスの値があることが分かります（図5-15）。また「No. Missing」、つまり欠損値も「平均厚さ」に22件、「平均重さ」に546件あることが分かります。今回の例では業務知識から平均重さにマイナスはないという例としてマイナス値を削除してみましょう。

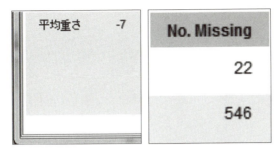

図5-15　最小値のマイナスと、欠損値の確認

はじめに、File Reader から指定したルールに従いフィルターをかけるノードである「Rule-based Row Filterノード」をFile Readerノードから接続します（**図5-16**）。

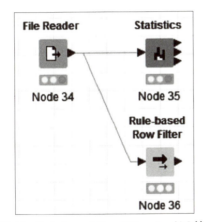

図5-16　Rule-based Row Filterノードの接続

Rule-based Row Filterの設定で「Expression」に「$平均重さ$ < 0 => TRUE」を入力します（**図5-17**）。「$平均重さ$」は「Column List」でダブルクリックするとExpressionに配置されます。条件式の結果を削除するため「Exclude TRUE matches」を選択します。

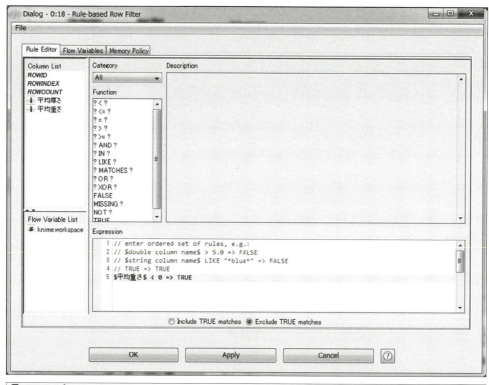

図5-17 Rule-based Row Filterノードの設定画面

　　　　設定後、「Rule-based Row Filter」を選択し、マウスの右クリックからメニューを表示し「Execute」にて実行した後、同じメニューから「Filtered」で結果を表示すると、マイナスの値があったレコー

ドが削除されています（図5-18）。

Row ID	平均厚さ	平均重さ
2017/1/2	101	998
2017/1/4	108	1002
2017/1/5	100	997
2017/1/7	100	998
2017/1/9	?	1002
2017/1/10	96	996
2017/1/12	?	997
2017/1/14	95	996
2017/1/16	97	1000
2017/1/18	?	1002

図5-18　欠損値の確認

次に、欠損値を削除するため、欠損値を操作する「Missing Valueノード」を接続します（図5-19）。

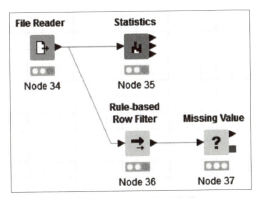

図5-19　Missing Valueノードの接続

設定画面で「Column Settings」タブにある「平均厚さ」を選択し「Add」ボタンで追加し、続けて「平均重さ」を選択し「Add」で追加します（図5-20）。

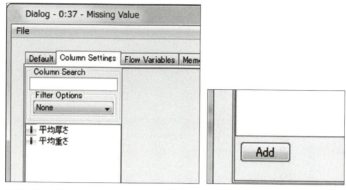

図5-20　Missing Valueノードの設定画面

　項目が追加されたら欠損値をどのように扱うかを画面右のプルダウンメニューから選択します。今回は平均厚さの欠損値を削除し、平均重さの欠損値は平均値で補完します。そのため、平均厚さの設定は「Remove Row*」を選択し、「平均重さ」の設定は「Average Interpolation*」を選択します（図5-21）。

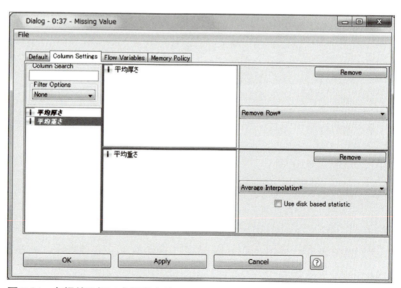

図5-21　欠損値の扱いを設定する

設定が終わればMissing Valueノードをマウスの右クリックからメニューを表示し「Execute」にて実行します。

実行するとアイコンが青信号にはなりますが、「！」が表示されて画面右下のコンソールにメッセージが表示されます（図5-22）。これは「PMML4.2」というデータ活用の標準フォーマットではないための警告ですが、PMML4.2に出力したりしないため問題はありません。

コンソールメッセージ

The current settings use missing value handling methods that cannot be represented in PMML 4.2

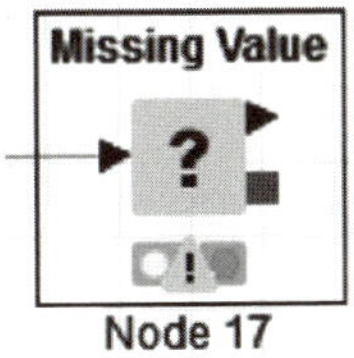

図5-22　コンソールメッセージの表示

次に、Missing Valueノードをマウスの右クリックからメニューを表示し「Output table」にて実行します。実行結果を表示すると「平均厚さ」の「?」の行が削除され、「平均重さ」の「?」の行は平均値で補完されています（図5-23）。

Row ID	平均厚さ	平均重さ
2017/1/2	101	998
2017/1/4	108	1002
2017/1/5	100	997
2017/1/7	100	998
2017/1/10	96	996
2017/1/14	95	996
2017/1/16	97	1000
2017/1/19	98	1001
2017/1/20	101	999
2017/1/21	103	1002
2017/1/26	97	995
2017/1/29	101	1000
2017/2/3	96	999
2017/2/4	103	1002
2017/2/5	101	1003
2017/2/6	102	1003
2017/2/7	105	1003
2017/2/8	99	1003
2017/2/9	102	1001
2017/2/12	94	998
2017/2/13	98	998

図5-23　欠損値の削除と補完の実行結果

それでは再びStatisticsノードを接続し、統計値を見てみます。Missing ValueノードからStatisticsノードを接続し、Statisticsノードをマウスの右クリックからメニューを表示し「Execute and Open Views」にて実行します（図5-24）。

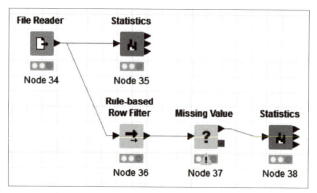

図5-24　欠損値の確認のためのワークフロー

　実行結果を見ると「平均重さ」の「min」にマイナスの値がなくなったことと「No. Missing」が0件になったことが分かります（図5-25）。入手したデータをまとめるためデータ仕様書を作成する場合には、このようなStatisticsノードを使って欠損値の数や最大値、最小値をまとめるとよいでしょう。

Column	Min	No. Missing
平均厚さ	80	0
平均重さ	995	0

図5-25　統計値の確認結果

第5章

実践ステップ③「データの準備」

経験から得た現場ノウハウ

表計算ソフトのスプレッドシートにご用心

　データ分析に使用するデータはCSV形式で集めるケースが多いのですが、たまにスプレッドシートになる場合があります。このスプレッドシートを分析に使用する際、手間がかかる場合があります。以下にその例を挙げます。

●パターン1：セル結合

> あるある度：★★★★★　　衝撃度：★☆☆☆☆

セル結合を解除して、解除したすべてのセルにヘッダーの内容を設定する必要があります。

●パターン2：計算式

> あるある度：★★★★☆　　衝撃度：★☆☆☆☆

　スプレッドシートの計算式をそのまま読み込める分析ツールもありますが、計算式は値として貼り付け直したほうが後々の混乱が少なくてすみます。特に注意が必要なのは、すでに計算式がエラーになっていないかという点。エラーセルを事前に検索してエラーがないか確認してください。

●パターン3：ピボットテーブル風

> あるある度：★★☆☆☆　　衝撃度：★★★☆☆

　行と列それぞれにヘッダーがあるパターンです。さらにテーブルの中に小計欄があると、手間がかかります。この表を作成した元データがあるか交渉するのがよいでしょう。

●パターン4：オートシェイプ

あるある度：★☆☆☆☆　衝撃度：★★★★★

　データがすべてオートシェイプの中に入っているスプレッドシートもあります。こうなるとプログラムを組んでデータを取り出すしかなくなります。

　「人が見やすいデータと分析しやすいデータは違う」ということを理解しておきましょう。

第6章

実践ステップ④
「モデリング」

第6章　実践ステップ④「モデリング」

最適手法はデータで変わる
誤れば精度低下や手戻りに

データの準備が整ったら、次はいよいよAIにおけるモデルの作成に入る。まずはモデリング手法を決めてから、準備したデータを使い、学習していく。モデリング手法の選択は、データの内容や業務への展開を含めて検討していく必要がある。

「モデリング」とは、統計的手法を用いて「説明」、「予測」、「分類」のモデルを作成することです。モデルとは、データを基に抽出されたルールや方程式です。モデリングは、AIの心臓部を作る作業といえます。

「説明」のモデルは、「目的変数」に対して「説明変数」がどれだけ影響を及ぼしているかを表します。目的変数とは、分析の目的となる項目で、説明変数とは目的変数の変化を説明する項目です。

「予測」のモデルは、説明変数を使用して目的変数を予測します。

「分類」のモデルは、それぞれの項目値の距離や統計量を基準として類似するものをグループ化することです。

表6-1は、医薬の現場で薬を投与して副作用が出たときに「副作用の関連項目は何か」を分析する例です。この場合、副作用がある人はどういう条件なのかを分析することが目的となり、目的変数は「副作用」になります。それに関連する項目として「投与薬」、「年齢」、「体重」が説明変数になります。

モデリングは何を分析するかによって適用可能な手法が決まってきます。**表6-2**に、その種類を整理します。

適用可能な手法を表に整理しましたが、話題となっている

表6-1 目的変数と説明変数

患者ID	副作用	投与薬	年齢	体重
1	あり	A薬	63	50
2	なし	A薬	23	64
3	なし	B薬	50	59

表6-2 モデリング手法の整理

分析したい内容		分析例	代表的手法
予測	判別 (Classification)	退会者の予測 故障の原因分析 種類の判別	ロジスティック回帰分析 決定木分析 ニューラルネットワーク
予測	数値 (Prediction)	適切な投薬の量を 予測する	線形回帰分析 ニューラルネットワーク
非予測	分類 (Clustering)	デパートなどの 顧客分類	クラスター分析
非予測	相関 (Association)	購入商品の 相関関係を調べる	アソシエーションルール

「ディープラーニング」が入っていません。ディープラーニングは、予測のモデルの代表的手法の一つであるニューラルネットワークが4層以上（隠れ層が2層以上）の多層化された機械学習の手法です。

　機械学習とは、与えられたデータで学習し、その事象を再現するモデルを作ることです。事象を再現するモデルは、未知のデータを与えたとしても「こうなるであろう」という予測を返します。分析したい内容によって、「事象を再現するモデル」を作成する機械学習の手法を選定する必要があります。

■モデリング手法の選択を誤ると起こる問題

　では、モデリング手法の選択を誤ると、どうなるのでしょうか。起こり得る問題は多くありますが、まずデータの尺度とモデリング手法が一致していない場合には分析すらできません。

　例えば、病気の診断では、身長や体重、摂取カロリー、残業時間といった量的変数を使って「病気になるか、ならないか」を予測する場合、このままアソシエーションルール（後述）で分析してもエラーになります。たとえ、数値を強制的に文字列に変換して質的変数として分析しても、良い結果は出ないでしょう。この場合には数値を「身長1」や「身長2」といった高さの段階が分かるカテゴリー、つまり質的変数に変換すれば分析できるようになります。

　このように行き当たりばったりで作業すると、「(1) 分析をしようとした」→「(2) エラーとなった」→「(3) 数字を文字列に変えた」→「(4) 結果が悪かった」→「(5) カテゴリーに変換して分析した」→「(6) 結果が良かった」といったように、作業に手戻りが発生するため、分析作業スケジュールに大きく影響します。それぞれの分析手法には適用可能なデータの尺度が決まっているため、分析手法に適したデータ型に加工しておく必要があります。

　次に、分析精度が低くなる問題があります。モデリング手法によっては、分析精度が高めの手法や低めの手法があります。しかし、精度が高めの手法が常に良いわけではありません。データの件数や特性によっては精度の出方が変わってきます。例えば、モデリング手法によっては、データが少ない場合や、データの偏りが大きすぎると結果に影響が出る場合があります。異常状態の要因を分析する場合、そもそも異常の状態というのは少ないため、異常時のデータもほとんどありません。

　実際、正常時のデータと比較して異常時のデータはほとんどの場合で数％程度です。数万件のデータのうち2、3件の場合もありま

100

す。このような場合にはモデリング手法を間違うと異常の状態を正しく学習できなかったり、分析精度が低下したりします。

　データが完全に分離できるような場合にも注意が必要です。例えば、出世魚のように体長によって呼び名が変わる魚がありますが、魚の体長と種類のデータがあれば判別するモデルを作成できます。出世魚は体長によって名前が定義されているので、例えば、決定木（後述）を使用すれば体長によって種類が変わる区切りを見るため、明確に分岐できるモデルが作成され、100％に近い精度で判別できるでしょう。しかし、ニューラルネットワークやロジスティック回帰では決定木のように数値の区切りを見ているわけではないため（連続して変化する関数を当てはめるため）、低めの精度になる、あるいは計算できないことがありますので、注意しましょう。

■ モデリング手法を選択するときに考えるべきこと

　モデリング手法の選択時には、業務への展開やシステム連携を考えることが必要です。分析の結果、得られたモデルを業務システムに取り入れる場合、「故障予兆が出たらアラートを上げる」といった要望があるとします。このような場合、センサーが出力した値で予兆と思われる値の分岐条件が明確に出力されるモデリング手法である決定木を使うことで「温度が37度以上になると故障になる確率が高い」という分析結果であれば、「温度が37度以上になるとアラートを上げる」といった判定文をJavaのようなプログラミング言語で記述すればよいので、システム化もしやすいでしょう。また、魚の養殖で水の体積や魚の数と成長過程から最適な餌の量を予測する場合には、回帰分析によって予測式を作成すればプログラミング言語で式を記述できるため、システム化が容易です。

　このように、「判定文」や「予測式」というのは比較的システム化がしやすくなりますが、クラスター分析やニューラルネットワー

クといったモデルを使用した場合には分析結果が判定文や予測式で簡単に表現できません。このようなモデリング手法のシステム化は、分析したモデルを業務で使用できるようにする部品化を検討する必要があります。

例えば、JavaやPythonといったプログラミング言語で作成する場合には、機械学習が使用できる部品を作成します。

モデリング手法の選択に当たっては分析の目的に沿って以下の点を考えることが必要になります。

(1) 尺度の変換も検討して適用可能なモデリング手法を明確にする

(2) 判別の根拠が知りたいのか。根拠が分からなくても精度が高い予測や判別ができればよいのか

(3) データに特徴があるのか。完全に分離できるデータではないか

(4) 分析して何をしたいのか。精度の高い予測や判別が必要なのか。それとも業務システムと連携するための予測式や判定文を作りたいのか

それでは、業務でよく使われる代表的なモデリング手法を解説していきます。

6-1 線形回帰モデル

線形回帰モデルは、ある数値から別の数値を予測する場合に使います。旅客機の操縦を例にすれば、フライトデータから最適なエンジンの出力を予測するといったことです。これにより燃料の量を最適な量にコントロールします。

このモデルは、複数の量的変数の相関関係を線形結合モデルで表す方法です。対象となるデータ項目は量的変数です。

線形結合モデルは最小2乗法（least squares method）で予測式を

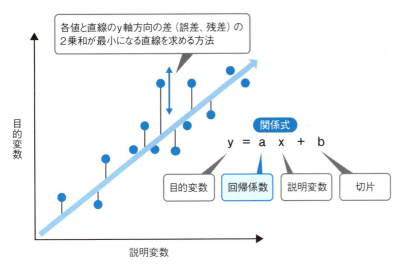

図6-1　回帰式の求め方

作成します。最小2乗法では、例えば説明変数が1の場合、説明変数と目的変数で散布図を描いたときに中心を通る直線を求める方法です。中心を通る直線とは、直線との誤差の2乗の総和が最小となる関係式になります。実際の分析業務では線形回帰モデルによって関係式の回帰係数と切片を求め、回帰式を作成します（**図6-1**）。この式をシステムに組み込むことによって「分析の目的となった事象の予測」の自動化を実現することができます。

次に、線形回帰モデルで分析した結果のうち重要な指標を説明します。

● R2乗値

　R2乗値は、目的変数の実測値と予測値との相関係数を2乗した値で「決定係数」ともいいます。R2乗値が「1」なら、モデルがデータに完全に当てはまっている、つまり残差がすべて「0」であることを表しています。逆に「0」の場合は、モデルの当てはまりが悪いことを表しています。

一般的にR2乗値を使った判断の目安は、以下のように考えられます。

「分析の精度が非常に良い」・・・　0.8以上

「分析の精度がやや良い」　・・・　0.5以上

「分析の精度が良くない」　・・・　0.5未満

　非常に高い精度を要する場合には「0.8以上」を検討したり、それほど高くなくてもよければ「0.5以上」で検討したりするといったように、対象業務に合わせて判断します。

　なお、R2乗値は説明変数が一つの場合（単回帰）ですが、説明変数が複数ある場合（重回帰）には自由度調整済みR2乗値を確認します。これは、説明変数の数を増やせば増やすほどR2乗値が1に近づく傾向があるからです。

　しかし、必ずしも自由度調整済みR2乗値を見ていれば良いモデルが作れるわけではありません。自由度調整済みR2乗値を見て「説明変数が3個で0.8」、「説明変数が10個で0.85」という二つのモデルがあったとき、それほど精度が変わらないのであれば、分かりやすい単純なモデル（説明変数が少ないモデル）を検討しましょう。

● p値（有意確率）

　分析結果として説明変数の係数が0であったならば、その説明変数は目的変数に対する影響がまったくないといえます。p値とは、算出された説明変数の係数が有意であるかを見る値です。「有意である」ということは「係数が0ではない」ことを意味します。係数が0ではないということは、0以外のすべての値を証明する必要がありますが、そんなことは不可能です。そこで元の仮説を「対立仮説」とし、その仮説の反対である「係数が0である」という「帰無仮説」を立てて証明します。

　つまり「係数が0である」ことの確率が低ければ、帰無仮説が棄却できるため「係数が0であるとはいえない」ということになりま

す。このp値は一般的に正規分布の約2σ以上の範囲である5%や約3σ以上の範囲である1%を基準としてみます。算出されたp値が0.05（5％）以下であれば「係数が0であるとはいえない」有意なものと考えます。

● 多重共線性（multicollinearity）

　説明変数が相互に高い相関関係がある場合を「多重共線性がある」といいます。多重共線性がある場合には係数の算出結果が不安定になり、分析結果に影響を及ぼしています。対策としては、高い相関関係を持っている変数のどちらかを削って分析します。なお、多重共線性を検出するための指標の一つにVIF（Variance Inflation Factor）があります。VIFは相関関係を表す相関係数を基に算出される数値です。VIFの値が10より大きい場合は、いずれかの変数を削除したほうがよいと考えられます。

▶▶ データ分析ソフトで実践！

「線形回帰モデル」

　ここからはKNIMEを使って線形回帰モデルを使った実践を説明します。サンプルのデータ「PondWater.csv」は、temperature（温度）、PH（pH値）、Element1、Element2、Element3、Element4、Element5、disinfectant（消毒液）の項目があります。池に定期的に薬品を入れて水をきれいにする業務を想定しています。

　ここでは、この薬品の最適な投入量を予測するモデルを作成します。

　まず、KNIMEを起動し、ワークフロー画面が表示されたらFile Readerノードを配置します（**図6-2**）。

図6-2　File Readerノード

　File Readerノードの設定画面で、ダウンロードした「PondWater.csv」を読み込む設定をします（**図6-3**）。

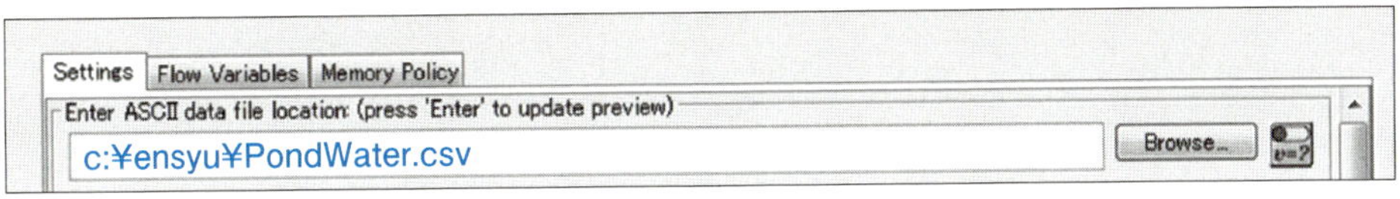

図6-3　File Readerノードの設定画面で読み込むファイルの設定例

読み込むデータには1行めに項目名があり、これを認識させるため、「read column headers」にチェックを入れます（**図6-4**）。

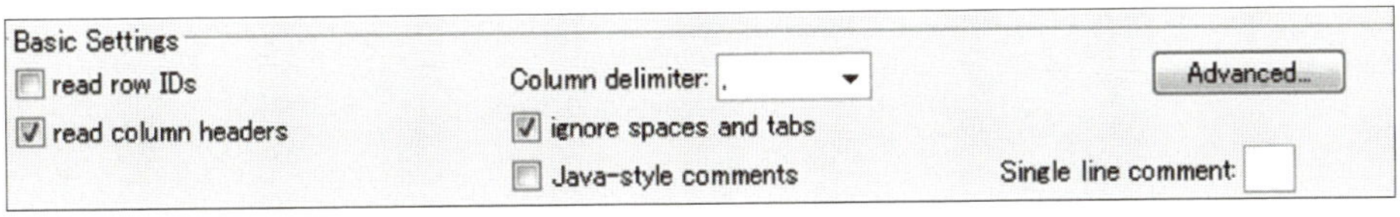

図6-4　「read column headers」にチェック

読み込んだ結果が画面下のPreview画面に表示されます（**図6-5**）。

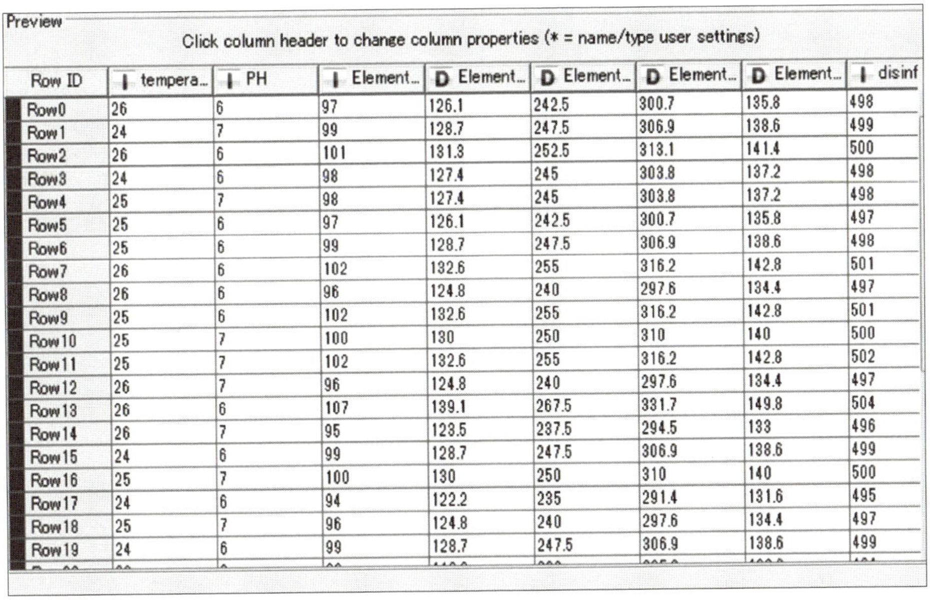
Preview

Click column header to change column properties (* = name/type user settings)

Row ID	I tempera...	I PH	I Element...	D Element...	D Element...	D Element...	D Element...	I disinf
Row0	26	6	97	126.1	242.5	300.7	135.8	498
Row1	24	7	99	128.7	247.5	306.9	138.6	499
Row2	26	6	101	131.3	252.5	313.1	141.4	500
Row3	24	6	98	127.4	245	303.8	137.2	498
Row4	25	7	98	127.4	245	303.8	137.2	498
Row5	25	6	97	126.1	242.5	300.7	135.8	497
Row6	25	6	99	128.7	247.5	306.9	138.6	498
Row7	26	6	102	132.6	255	316.2	142.8	501
Row8	26	6	96	124.8	240	297.6	134.4	497
Row9	25	6	102	132.6	255	316.2	142.8	501
Row10	25	7	100	130	250	310	140	500
Row11	25	7	102	132.6	255	316.2	142.8	502
Row12	26	7	96	124.8	240	297.6	134.4	497
Row13	26	6	107	139.1	267.5	331.7	149.8	504
Row14	26	7	95	123.5	237.5	294.5	133	496
Row15	24	6	99	128.7	247.5	306.9	138.6	499
Row16	25	7	100	130	250	310	140	500
Row17	24	6	94	122.2	235	291.4	131.6	495
Row18	25	7	96	124.8	240	297.6	134.4	497
Row19	24	6	99	128.7	247.5	306.9	138.6	499

図6-5　読み込んだ結果を表示したPreview画面

線形回帰モデルを使用するため「Linear Regression Learnerノード」を、ワークフロー画面にドラッグアンドドロップによって配置し、File Readerノードから関連線を接続します（図6-6）。

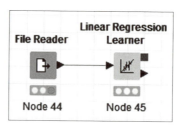

図6-6　Linear Regression Learnerノードの接続

Linear Regression Learnerノードの設定画面を開きます。画面上部のTargetが「disinfectant」になっているのを確認します（図6-7）。Includeにはすべての項目を入れておきます。

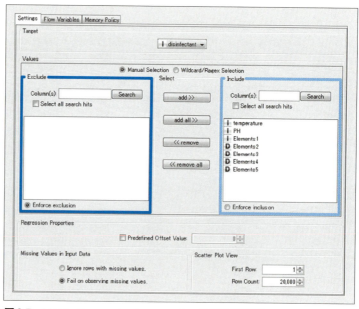

図6-7　Linear Regression Learnerノードの設定画面

Linear Regression Learnerノードの設定が終われば「Execute and Open Views」を実行し、結果を表示します（**図6-8**）。

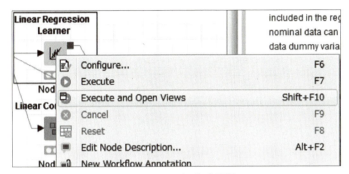

図6-8　Execute and Open Viewsによる実行

分析結果が表示されたら値を確認します。「Coeff.」は係数です。p値である「P>|t|」を見てみるとpHとIntercept（切片）以外は「0.05以上」であるため、有意な値ではないとみえます（**図6-9**）。

Linear Regression Result View...
File

Statistics on Linear Regression

Variable	Coeff.	Std. Err.	t-value	P>|t|
temperature	-0.0106	0.0157	-0.6754	0.4996
PH	0.6942	0.0256	27.1274	0.0
Elements1	8.00E10	1.40E11	0.5701	0.5687
Elements2	6.16E10	1.08E11	0.5701	0.5687
Elements3	-0.0806	0.0891	-0.9052	0.3656
Elements4	-0.1295	0.1091	-1.187	0.2355
Elements5	0.0792	0.0861	0.9199	0.3579
Intercept	424.8777	0.4993	851.0126	0.0

Multiple R-Squared: 0.9884
Adjusted R-Squared: 0.9883

図6-9　Linear Regression Learnerの実行結果

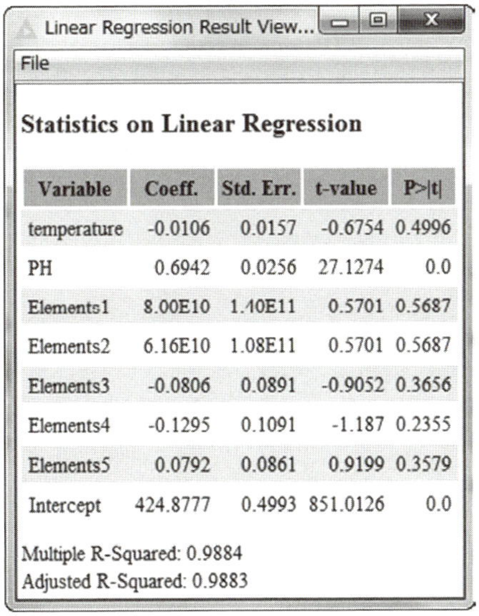

では相関係数を見てみましょう。相関係数を表示するLinear Correlationノードを配置しFile Readerノードから関係線を接続します（図6-10）。

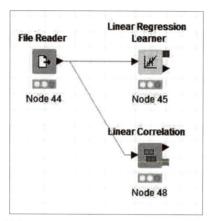

図6-10　Linear Correlationノードの接続

Linear Correlationノードの設定画面を開き（図6-11）、画面右のIncludeにすべての項目が入っていることを確認したらLinear Correlationノードを実行します。

第6章
実践ステップ④「モデリング」

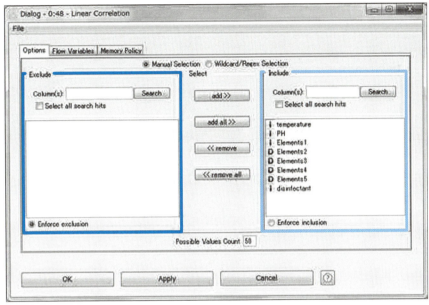

図6-11　Linear Correlationノードの設定画面

　図6-12のように相関行列画面が表示されます。この画面では相関係数が高いものは赤や青で表示されます。

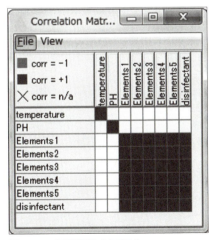

図6-12　相関係数の可視化

111

次に、数値でも見てみましょう。Linear Correlationノードをマウス右クリックでメニューを出して「Correlation measure」を選択します（図6-13）。

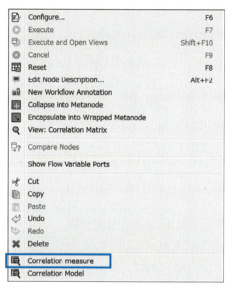

図6-13　Correlation measureの実行

　数値による相関行列画面が表示されます。結果を見ると「Elements1」から「Elements5」までの相関係数が「1」と高い数値です（図6-14）。相関係数は1〜0の値を取り、1が一番高い数値であるため、これは多重共線性が高い状態ですので、項目を削除しましょう。

第6章
実践ステップ④「モデリング」

![相関行列の結果]

図6-14　相関行列の結果

　もう一度Linear Regression Learnerの設定画面を開き、「Elements2」から「Elements5」までの項目を「Include」から「<<remove」ボタンにより「Exclude」に移動します。この状態で分析した結果「temperature」のp値が高いため、temperatureも外します（**図6-15**）。

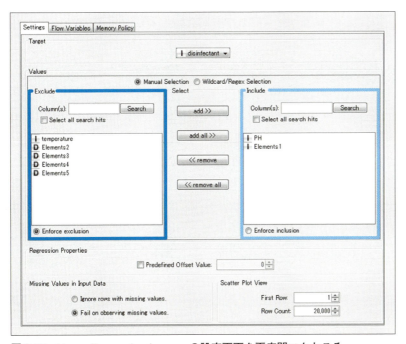

図6-15　Linear Regression Learnerの設定画面を再度開いたところ

実行結果を見てみるとp値も有意な値になっていますので、この項目で予測式が作成できるでしょう（図6-16）。

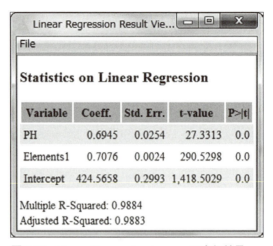

図6-16　Linear Regression Learnerの実行結果

予測式は次のようになります。

Disinfectantの予測 = PH値 × 0.6945 + Elements1 × 0.7076 + 424.5658

それでは、作成したモデルに元のデータを使って予測し、予測精度を確認する作業を行います。予測を行うには「Regression Predictorノード」とモデルの精度を算出する「Numeric Scorerノード」を接続し、精度評価を実施します（図6-17）。

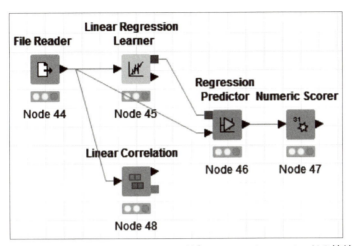

図6-17　Regression PredictorノードとNumeric Scorerノードの接続

　接続に関しては、Linear Regression Learnerノードの四角の突起からRegression Predictorノードの四角の突起に接続します。これにより学習したモデルが引き継がれます。また、File Readerノードの三角の突起物からRegression Predictorノードの三角の突起に接続すれば、Regression PredictorノードでFile Readerからのデータを使って予測できます。

　Regression Predictorノードは、接続が完了したら実行します。次に、Numeric Scorerノードの設定画面を開き、Reference columnにdisinfectantが、Predicted columnにはPrediction（disinfectant）が設定されていることを確認し、実行します（図6-18）。

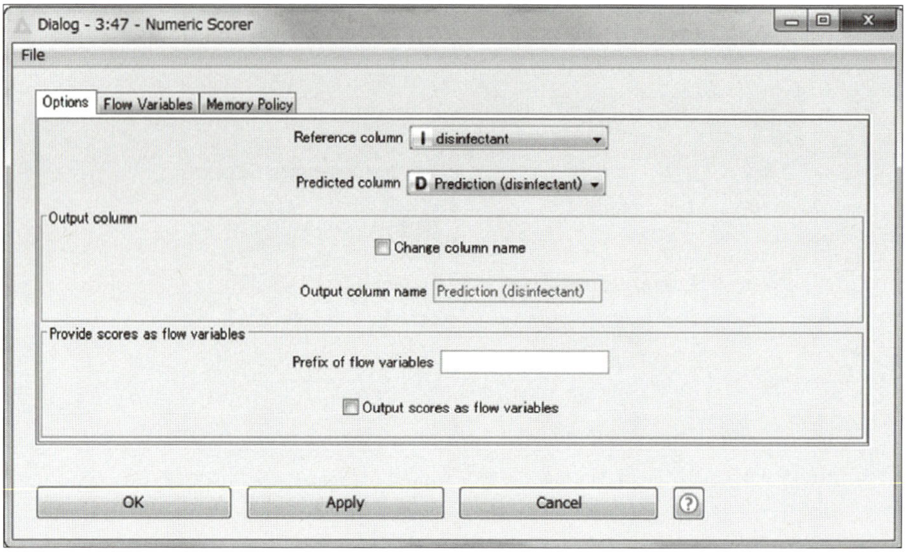

図6-18　Numeric Scorerノードの設定画面

　　　　実行後にNumeric Scorerを右クリックしてメニューを出し、「View:Statistics」で精度を表示すると、R2乗値が「0.988」と高い数値でした。モデルの当てはまりがよいといえるでしょう。なお、「Mean absolute error」などの他の指標については第7章の「評価」にて説明します（図6-19）。

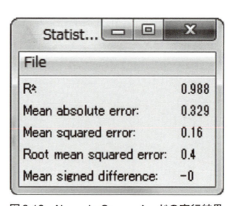

図6-19　Numeric Scorerノードの実行結果

第6章

実践ステップ④「モデリング」

経験から得た現場ノウハウ

回りくどい統計的仮説検定

「仮説検定」とは、仮説が正しいとしたときに、実際に仮説が観察される確率を求め、その値が事前に決めておいた値よりも小さければ、その仮説は起きそうもない事象として棄却し、その仮説と反対の仮説を採択するという手法です。最初に正しいとする仮説は、最終的に棄却したい仮説で、これを「帰無仮説」と呼びます。帰無仮説に対し、最終的に採択したい仮説を「対立仮説」と呼びます。また、事前に決めておく値（確率）を「危険率」や「有意水準」と呼び、αで表されます。「α=0.05（5％水準）」や「α=0.01（1％水準）」がよく利用されます。

つまり、仮説検定は、帰無仮説を正しいとしたときに、その仮説が観察される確率を求め、その値がαよりも小さければ、帰無仮説を棄却して対立仮説を採択するという手法です。何だか回りくどく感じませんか。なぜ対立仮説が起きやすいことを直接示さないのでしょうか。

線形回帰における「p値」は、帰無仮説を正しいとしたときに、その仮説が観察される確率です。このときの帰無仮説は「係数を算出したけれども、それが0である」という仮説です。係数が0であると、単回帰の場合、説明変数がいくら変化しても目的変数が変化しない、つまり説明変数と目的変数は無関係ということを意味します。無関係なのに係数が算出されているというおかしな結果は棄却したいわけです。そのため、「係数を算出したけれども、それが0である」を帰無仮説としてp値を計算し、α=0.05よりも小さいかを確認して、対立仮説の「係数が0であるとはいえない」を採択します。

ではなぜ「係数が0ではない」を直接示さないのでしょうか。これは「悪魔の証明」になるからです。悪魔の証明とは、「～は存在しない」とか「～ではない」ことの証明です。この証明は、宇宙全体を調査して存在しないこと、あるいはそうではないことを示さなければならない不可能な証明です。「係数が0ではない」を直接示すには、0以外のすべての値を取り得る確率を足す必要があり、無限通り計算しなければなりません。一方、「係数が0である」を直接示すには、ピンポイントで0になる確率を求めればよいことになります。そして、この確率がαよりも低ければ、ほぼ起きない事象として棄却し、「係数が0であるとはいえない」としましょうというのが線形回帰の係数における統計的仮説検定なのです。

6-2 ロジスティック回帰モデル

　ロジスティック回帰モデルには、二項ロジスティック回帰モデルと多項ロジスティック回帰モデルがあります。二項ロジスティック回帰モデルは、「買う/買わない」のように、目的変数に関して起こるか起らないかのどちらかになるような事象を予測します。それに対し、多項ロジスティック回帰モデルは予測する事象が三つ以上ある場合です。

　例えば、会員カードのデータから解約しそうな顧客を抽出する分析などに使われます。また、ロジスティック回帰モデルでは線形回帰モデルのように、数値を予測するのではなくどのようなカテゴリーになるかを予測するため、目的変数は質的変数である必要があります。

　ロジスティック回帰モデルの関係式が線形回帰と異なるのは、入るカテゴリーを予測するため、直線を予測するのではなく、曲線になるということです（図6-20）。

　ロジスティック回帰では、線形回帰の式をロジスティック関数「$P(y) = 1 / (1+\exp(-Z))$」に当てはめて関係式を作成します。二項ロジスティック回帰モデルで算出する関係式を図6-21に示

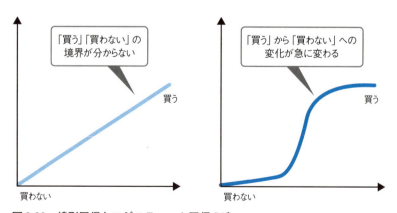

図6-20　線形回帰とロジスティック回帰の違い

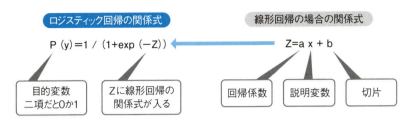

図6-21　ロジスティック回帰の関係式

します。

　与えられた説明変数のデータから、最も当てはまりの良い確率分布のパラメーターとなる回帰係数と切片を求める方法を「最尤法」と呼び、最小2乗法が適用できないモデルのパラメーター推定に利用されます。

　次に、ロジスティック回帰モデルで分析した結果のうち重要な指標を説明します。

● p値（有意確率）
算出された説明変数の係数が有意であるかを見る値です。

● オッズ比
　ある事象が起こる確率gと起こらない確率（1−g）の比g/（1−g）がオッズです。オッズ比は、説明変数の値が1単位変化したときにオッズが何倍変化するかを表します。オッズ比が1ならば説明変数の変化は目的変数の変化にあまり影響がないとされ、オッズ比が高いほど（あるいは低いほど）、目的変数に対して影響がある説明変数となります。

▶▶▶データ分析ソフトで実践！

「ロジスティック回帰モデル」

　では、KNIMEを使ってロジスティック回帰モデルを使った実践を試してみましょう。データは「ValveControl.csv」を使用します。このデータは化学プラント工場でパイプを通る水の水圧の高さ低さからバルブの開閉をコントロールしているものです。項目は架空の項目ですが、Hydraulic1（水圧1）、Hydraulic2（水圧2）、そしてValve_Open（バルブの開閉データ）です。今回は水圧1、水圧2の値を入れるとバルブを開けるどうかを予測するモデルを作成します。

　まずKNIMEのワークフロー画面を用意し、File ReaderノードでValveControl.csvを読み込みます（**図6-22**）。

図6-22　File Readerノード

　設定画面を見ると、読み込んだ「Valve_Open」の項目が「I」と表示されています。これはInteger（整数）を表しています。ちなみに「D」はDouble（浮動小数点の数字）です。今回はValve_

Openを目的変数とし、ロジスティック回帰は目的変数を文字列にする必要があるため、File Readerノード設定画面でValve Open項目の「I」の部分をクリックします（**図6-23**）。

Row ID	D Hydrauli...	D Hydrauli...	I *Valve_...
Row0	6.16	0.88	0
Row1	6.16	0.88	0
Row2	5.72	0.88	0
Row3	6.6	0.88	0
Row4	6.16	0.88	0
Row5	7.48	1.76	0
Row6	6.16	1.32	0
Row7	6.6	0.88	0
Row8	6.16	0.88	0
Row9	6.6	0.44	0
Row10	6.6	0.88	0

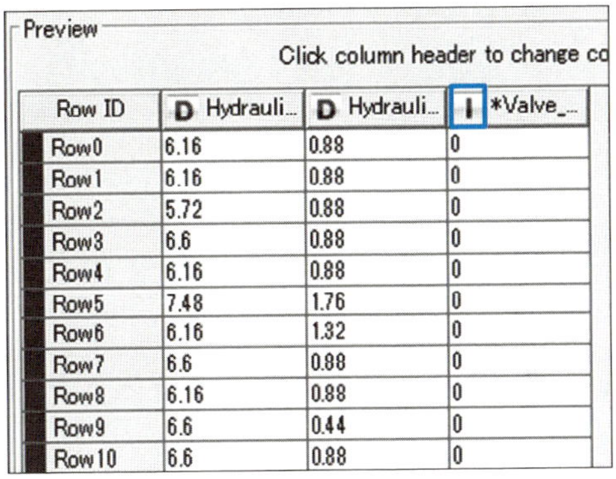

図6-23　File Readerノード設定画面

図6-24の画面が表示されますので、「Type」を「String」（文字列）に変更してOKボタンを押します。表示が「S」に変わったことを確認したら設定を終了し実行しておきます。

Row ID	D Hydrauli...	D Hydrauli...	S *Valve_...
Row0	6.16	0.88	0
Row1	6.16	0.88	0
Row2	5.72	0.88	0
Row3	6.6	0.88	0
Row4	6.16	0.88	0
Row5	7.48	1.76	0
Row6	6.16	1.32	0
Row7	6.6	0.88	0
Row8	6.16	0.88	0
Row9	6.6	0.44	0
Row10	6.6	0.88	0
Row11	7.04	0.88	0
Row12	6.16	0.44	0
Row13	4.84	0.44	0
Row14	5.28	0.88	0

図6-24　データタイプの設定画面

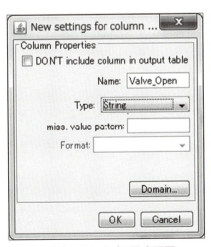

ロジスティック回帰を行うノードである「Logistic Regression Learner ノード」を接続します（**図6-25**）。

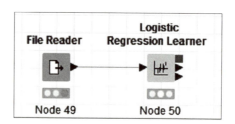

図6-25 Logistic Regression Learnerノードの接続

Logistic Regression Learnerノードの設定画面を開き、Targetが Valve_Openになっていることを確認します（**図6-26**）。Includeは次のように設定します。図6-26の画面と異なる場合には、「add>>」ボタンや「<<remove」ボタンで移動します。

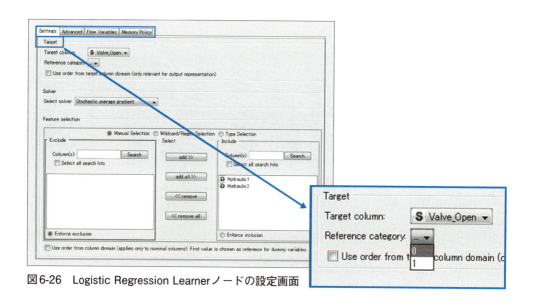

図6-26 Logistic Regression Learnerノードの設定画面

第6章

実践ステップ④「モデリング」

　Reference categoryは、二項ロジスティックの場合は「0」を指定します。これはカテゴリーが「0」に比べて何倍「1」になりやすいかを分析します。設定が終われば「Execute」で実行しましょう。

　実行したらLogistic Regression Learnerノードをクリックし、マウスの右クリックからメニューを表示し、「Coefficients and Statistics」を選択します。実行結果を見るとp値であるP>|z|はすべて「0.05以下」なので有意な値と考えられます（図6-27）。

　なお、p値の表示が実行ごとに異なると思いますが、これは計算が収束していないからです（メッセージ画面にもそのメッセージが出力されます）。KNIMEのロジスティック回帰では、epoc回数（計算回数）を増やすことで収束する場合もありますが、本書ではそのままの設定で行っています。以降のロジスティック回帰でのp値についても同じく、本書の値にはなりません。

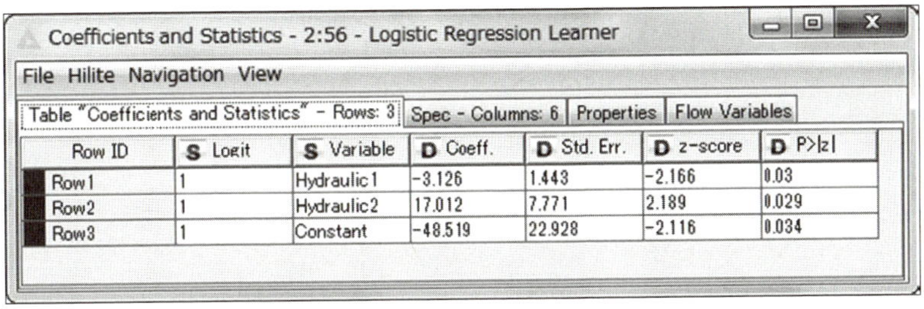

Row ID	S Logit	S Variable	D Coeff.	D Std. Err.	D z-score	D P>|z|
Row1	1	Hydraulic1	-3.126	1.443	-2.166	0.03
Row2	1	Hydraulic2	17.012	7.771	2.189	0.029
Row3	1	Constant	-48.519	22.928	-2.116	0.034

図6-27　Logistic Regression Learnerの実行結果

　次に、オッズ比を見てみましょう。オッズ比は出力されないので、計算などの処理をして値を追加するノードである「Math Formulaノード」を接続し算出します。「Logistic Regression Learnerノード」からは真ん中の三角の突起物から「Math Formulaノード」に接続します（図6-28）。

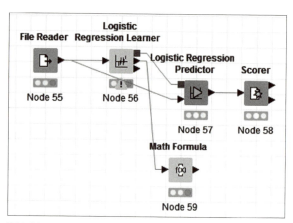

図6-28　Math Formulaノードの接続

　設定画面を開き「Function」から「exp (x)」をダブルクリックすると、「Expression」に式が追加されます。「exp ()」の「()」の中にカーソルがある状態で左上の「Column List」から「Coeff.」を選択するとExpressionに「exp ($Coeff.$)」という式が完成します。「Append Column」には「odds rate」と入れ、この状態で「OK」をクリックします（図6-29）。

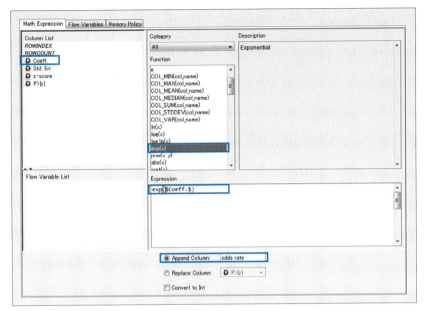

図6-29　Math Formulaノードの設定画面

続いて、オッズ比を計算する設定をしたMath Formula ノードを実行し、「output data」を開きます（図6-30）。

Row ID	S Logit	S Variable	D Coeff.	D Std. Err.	D z-score	D P>|z|	D odds rate
Row1	1	Hydraulic1	-1.309	0.701	-1.867	0.062	0.27
Row2	1	Hydraulic2	12.077	5.361	2.252	0.024	175,705.991
Row3	1	Constant	-39.356	18.988	-2.073	0.038	0

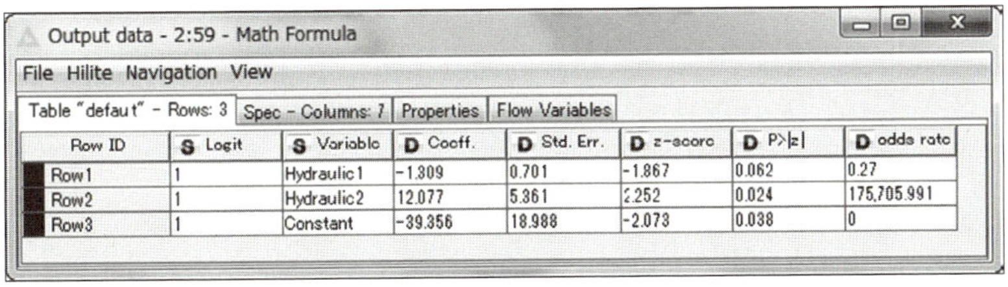

図6-30　Math Formulaノードの実行結果

作成したオッズ比（odds rate）を見ると「Hydraulic2」が「175」と高い数値です。つまり、Hydraulic2の値が1増えるとValve_Open の値が175倍の確率で「0から1に動く」という意味になるので、非常に影響の高い項目といえるでしょう。

作成したモデルに元のデータを使って予測を行い、予測精度を確認する作業を行います。では、予測を行うモデルである「Logistic Regression Predictorノード」と予測精度を算出するノードである「Scorerノード」を接続して精度を見てみましょう（図6-31）。

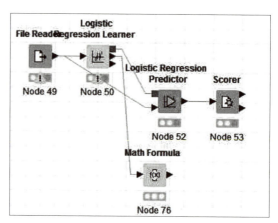

図6-31　Logistic Regression PredictorノードとScorerノードの接続

　Logistic Regression Predictorノードは接続をしたらそのまま実行します。Scorerの設定画面では「First Column」に「Value_Open」を、「Second Column」に「Prediction (Valve_Open)」を指定します（図6-32）。

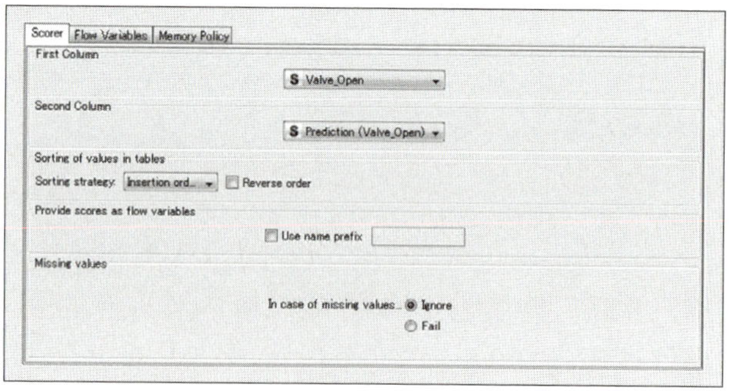

図6-32　Scorerノードの設定画面

Scorerの設定が終われば実行します。実行結果を見ると「Accuracy（正解率）」は「74.324%」です（**図6-33**）。この値が高いか低いかは業務知識の観点や、どのようなシステムの予測をするかによって判断しましょう。

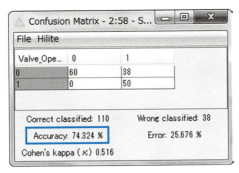

図6-33　Scorerの実行結果

　なお、このモデルで問題がなければLogistic Regression Learnerノードをクリックしてマウスの右クリックでメニューからCoefficients and Statisticsを選択し、実行結果を開きましょう（**図6-34**）。

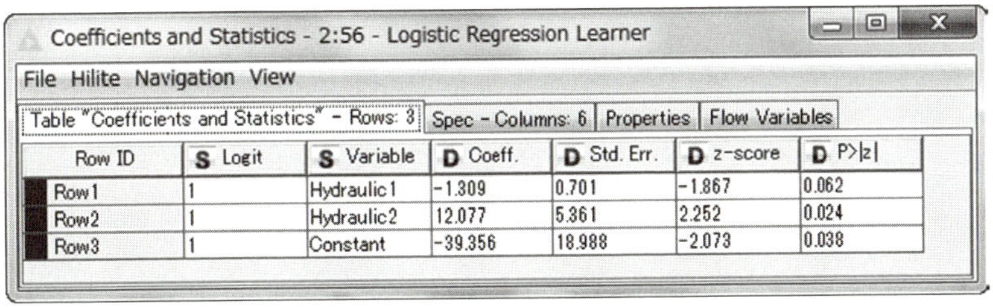

図6-34　Logistic Regression Learnerの実行結果

　Coeff.の値を使って予測式を作成します。この予測式で算出した結果は1（開ける）から0（閉じる）の範囲で0.5以上ならバルブを開け、0.5未満だと閉じるという予測になります。

バルブ開閉の予測式

$$= 1/(1+\exp(-(Hydraulic1 \times -1.309 + Hydraulic2 \times 12.077 - 39.356)))$$

経験から得た現場ノウハウ

開票1%で当選確実？

選挙速報で不思議に思うのは、開票開始時間とほぼ同時に当選確実が出る候補者がいることです。そんなに少ない票を数えただけで、当選確実と言い切って大丈夫なのでしょうか。

この予測には、主に統計の母比率推定の手法が用いられます。母集団から標本を抽出し、標本比率から母比率を推定します。簡単な例を挙げますと、信頼度95%（有意水準α=5%）で100個の標本から標本比率pを計算して母比率を推定する場合、母比率推定値の範囲は95%信頼区間と呼ばれ、次の式で表されます。

母比率の95%信頼区間 $= p \pm 1.96 \sqrt{\dfrac{p(1-p)}{n}}$

例えば、最初の100票を集計し、候補者Aの得票率pが70%だった場合は、

$$
\begin{aligned}
母比率の95\%信頼区間 &= 0.7 \pm 1.96 \sqrt{\dfrac{0.7(1-0.7)}{100}} \\
&= 0.7 \pm 0.0898 \\
&= [\,61\% , 79\%\,]
\end{aligned}
$$

となります。最低でも61%の得票率で過半数と言えそうなので、当選確実となります。

実際には、当選確実と言い切るために、有意水準αを1%以下にしたり、100個の開票した標本だけではなく、標本数を増やしたり、出口調査の結果を考慮したりして、総合的に判断しています。その手法がテレビ局ごとに異なるため、同じ選挙速報番組を放映していても当選確実の数にテレビ局間で差が出たりします。

上記の式は選挙だけではなく、例えば「はい」と「いいえ」の比率、「買う」と「買わない」の比率など、様々な応用があるので利用しましょう。

ロジスティック回帰も回帰式を作成できますので、業務への展開が容易なモデルです。また、オッズ比を見ることによって業務の観点から影響の高い項目を確認できるのも利点でしょう。

6-3 クラスターモデル

クラスターモデルは、複数の変数の値を見て近いレコードを一つのグループにまとめる方法です。例えば、ケミカル製品を製造している場合、製造ラインの運転パターンがどのように分類されているのか、それぞれの運転パターンの特徴は何かということです。分析の結果、二つのクラスターに分類された場合には、「気温の高い夏の運転」と「気温の低い冬の運転」といった例があります。

クラスター分析モデルは一般的に次の2種類に大別できます。

● 階層型クラスター分析

数百行までの小さなレコードに向いており、一つのデータが階層構造にまとめられます（図6-35）。

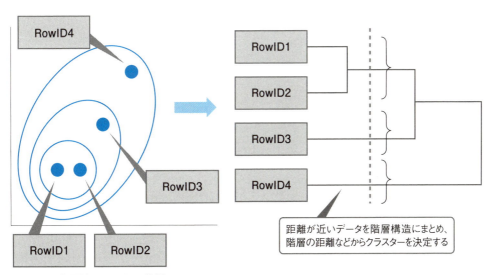

図6-35　階層型クラスター分析

●非階層型クラスター分析

　比較的大きい数十万行までのデータに向いており、例えば代表的な手法であるk-Means（k平均）クラスター分析の場合、乱数でそれぞれのカテゴリーの中心を決め、その中心に近いデータをまとめます（図6-36）。その後、まとめたデータの中心を再度求めるという作業を繰り返し、変化がなくなるまで実行します。なお、この手法では処理を開始する前に、クラスターの数を指定する必要があります。

　クラスター分析の特徴としては目的変数が不要です。これを「教師なし学習」といいます。使用する変数は量的変数である必要があり、質的変数の場合はベクトル化、つまり量的変数に変換する必要があります。また、クラスター分析はデータ間の距離によって計算するため、距離を合わせる正規化も必要です。

　そして、クラスター分析は注意する観点があります。アルゴリズムによってはレコードの並び順によって学習結果が変わることや、

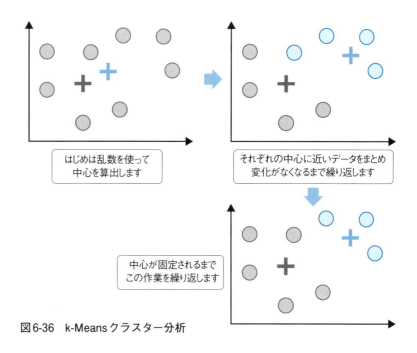

図6-36　k-Meansクラスター分析

第6章

実践ステップ④「モデリング」

実行するたびに学習結果が変わるということがあります。ただ、これらの問題はクラスターのサイズやクラスタープロファイリングの妥当性を確認することで解決できます。

●クラスターのサイズ

クラスター分析の結果、クラスターが生成されます。まず、各クラスターのサイズを確認します。クラスターごとにデータが分類されたとき、極端にデータが少なく偏っているクラスターが生成された場合は、そのクラスターを外れ値として分析から除外し、再分析することを検討しましょう。

また、クラスターの数については自動で生成されるものとk-Meansクラスター分析のように指定するものがありますが、業務知識の観点から納得のいくクラスターの数になるようにします。例えば、魚の養殖場の運転データをクラスター分析にかける場合には天候や季節に左右されることが考えられます。この場合には季節性がうまく分類されているか、台風や豪雨といった特徴が分類されているかということを踏まえて適切な数に調整していきましょう。

●クラスタープロファイリングの妥当性

クラスター分析の分析結果については、正解はありません。そこで、コンピューターはどのような分け方をしたのかを考察する必要があります。これを「プロファイリング」といいます。業界知識やビジネス仮説からプロファイリングを行い、作成されたクラスターの妥当性を確認します。

データがクラスターごとに分割された後、分割の根拠が分からなければその分析は意味のないものになります。そこで、プロファイリングによって、業務知識を基に分割されたクラスターデータの根拠を明確にするのです。

131

▶▶ データ分析ソフトで実践!

「クラスターモデル」

　では、KNIMEを使ってクラスターモデルを実践してみましょう。ここでは味覚センサーを想定したデータ「mikaku.csv」を使います。これは、甘み、塩み、辛み、酸み、旨み、苦み、種別といった項目があり、和食、アメリカン料理、タイ料理を味覚センサーで取得したデータと考えてください。

　まず、KNIMEを起動しワークフロー画面を準備します。File Readerノードをワークフロー画面に配置して、「mikaku.csv」ファイルを読み込むと、図6-37のような画面になります。

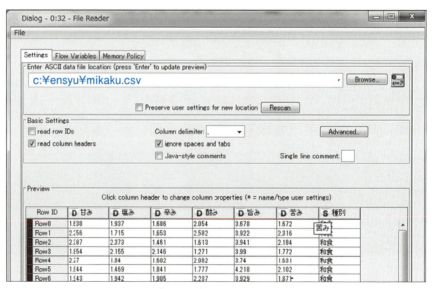

図6-37　File Readerノードの読み込み結果

第6章

実践ステップ④「モデリング」

　今回はk-Means（k平均）クラスター分析を使っていきます。まず数値データの正規化を行うノードである「Normalizerノード」を接続します（**図6-38**）。クラスター分析ではそれぞれの値の距離を基にカテゴリーを作ります。項目の値はそれぞれ単位が異なるので（0.1というデータと10000というデータでカテゴリーを作るなど）正規化が必要です。

　Normalizerノードはそれぞれの項目の値を0から1の数値に正規化します。NormalizerノードをFile Readerノードから接続し、Normalizerノードの設定画面を開きます。設定画面の右にあるIncludeにすべての項目が入っていることを確認します。そして画面下にある「Settings」項目の「Min」と「Max」の項目にはMinが「0.0」、Maxが「1.0」とします。この設定によってすべてのデータを0.0から1.0の値に正規化します。設定が完了すれば実行しておきましょう。

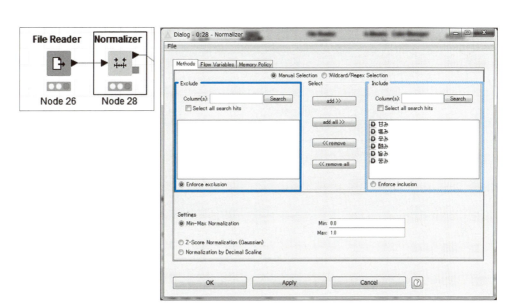

図6-38　Normalizerノードの接続と設定画面

次にk-Meansクラスター分析を行うノードである「k-Meansノード」を接続します（**図6-39**）。

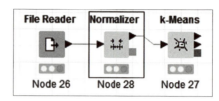

図6-39　k-Meansノードの接続

k-Meansノードの設定画面を開きます。ここでは味覚センサーの値から何の料理かを分析しますが、「和食」、「タイ料理」、「アメリカ料理」の3種類のデータだと分かっているためk-Meansノードの設定画面でクラスターの数「number of clusters」を「3」に設定します（**図6-40**）。

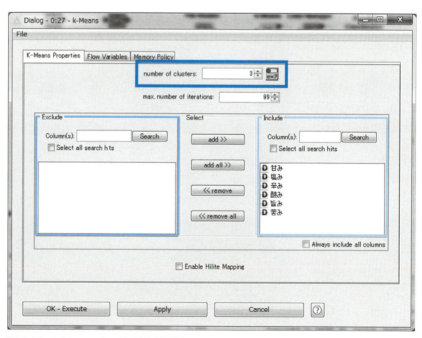

図6-40　k-Meansノードの設定画面

第6章

実践ステップ④「モデリング」

　k-Meansノードの設定が完了すれば実行します。実行が終了すれ
ばk-Meansノードをマウスの右クリックでメニューから「Labeled
input」を表示すると、分析結果を見ることができます（**図6-41**）。
これにより、どのレコードがどのクラスターか分かります。

Row ID	D 甘み	D 塩み	D 辛み	D 酸み	D 旨み	D 苦み	S 種別	S Cluster
Row0	0.336	0.221	0.141	0.246	0.67	0.465	和食	cluster_2
Row1	0.466	0.166	0.131	0.39	0.738	0.631	和食	cluster_2
Row2	0.493	0.33	0.078	0.126	0.743	0.597	和食	cluster_2
Row3	0.381	0.275	0.269	0.033	0.757	0.491	和食	cluster_2
Row4	0.468	0.197	0.117	0.254	0.688	0.454	和食	cluster_2
Row5	0.379	0.105	0.184	0.171	0.821	0.576	和食	cluster_2
Row6	0.4	0.223	0.202	0.296	0.74	0.516	和食	cluster_2
Row7	0.359	0.305	0.271	0.165	0.659	0.652	和食	cluster_2
Row8	0.398	0.242	0.209	0.361	0.807	0.591	和食	cluster_2
Row9	0.38	0.306	0.392	0.224	0.715	0.499	和食	cluster_2
Row10	0.391	0.185	0.159	0.206	0.68	0.603	和食	cluster_2
Row11	0.521	0.222	0.183	0.264	0.828	0.459	和食	cluster_2
Row12	0.344	0.167	0.447	0.245	0.739	0.456	和食	cluster_2
Row13	0.461	0.187	0.143	0.19	0.741	0.556	和食	cluster_2
Row14	0.457	0.422	0.237	0.201	0.891	0.539	和食	cluster_2
Row15	0.423	0.255	0.149	0.284	0.828	0.6	和食	cluster_2
Row16	0.414	0.326	0.211	0.383	0.907	0.499	和食	cluster_2
Row17	0.443	0.228	0.22	0.133	0.721	0.653	和食	cluster_2

図6-41　k-Meansの実行結果

　また、マウス右クリックでメニューから「Clusters」を表示する
と、それぞれのクラスターの中心値が分かります（**図6-42**）。

Row ID	D 甘み	D 塩み	D 辛み	D 酸み	D 旨み	D 苦み
cluster_0	0.204	0.737	0.222	0.496	0.765	0.298
cluster_1	0.835	0.236	0.791	0.783	0.206	0.801
cluster_2	0.408	0.239	0.228	0.231	0.765	0.545

図6-42　k-Meansの実行結果（中心値）

135

クラスターの中心値からプロファイリングも可能ですが、より分かりやすいように可視化してみましょう。まず、それぞれのクラスターに色をつけるために「Color Managerノード」を接続します（図6-43）。設定はデフォルトのままです（Cluster_0が赤、Cluster_1が緑、Cluster_2が青）。

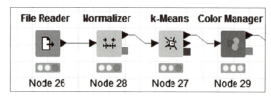
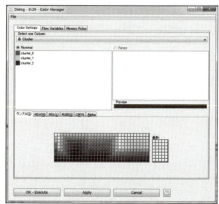

図6-43　Color Managerノードの接続と設定画面

次に、平行座標グラフを表示するノードである「Parallel Coordinatesノード」を接続し「Execute and Open Views」で実行しましょう（図6-44）。

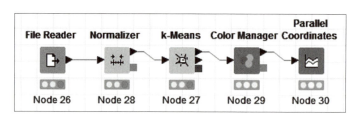

図6-44　Parallel Coordinatesノードの接続

実行すると、図6-45のような画面が表示されます。この画面の内容から以下のようにプロファイリングできます。

第6章

実践ステップ④「モデリング」

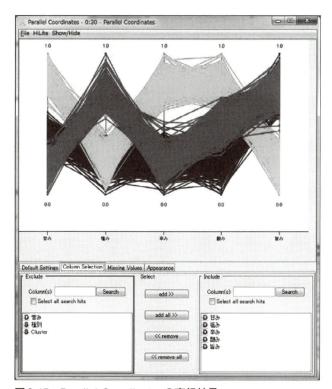

図6-45　Parallel Coordinatesの実行結果

- Cluster_0（赤）・・・旨みと塩みが高く少し酸みがある。素材に塩やケチャップで味つけしたアメリカンな味
- Cluster_1（緑）・・・甘みと辛みと酸みが特徴。タイ料理
- Cluster_2（青）・・・旨みが強く淡白な味が特徴。日本料理

このように、クラスター分析では地道なプロファイリング作業によって結果を明確にしていきます。

137

経験から得た現場ノウハウ

データが足りない！

　公共交通機関の運行計画を担当している企業が、乗降客の需要要因を特定して新規顧客の獲得につなげたいというニーズからAIを活用する企画を立てたときのことです。

　交通機関利用者の需要要因となりそうなデータとしては、周辺環境データ（大型商業施設や公共施設などの有無）、交通環境データ（道路事情や競合する交通機関の有無）、イベントデータ（近隣での催し物の開催）などが考えられます。これらのデータと乗降客数の相関関係を調べれば要因の特定も可能だろうと見通しを立てていた中、実際に提供されたデータを見て愕然としました。データが足りないのです。このときに提供されたのは各乗降所の日時の乗降客人数データのみでしたが、よく考えてみると周辺施設やイベント開催日など細かいデータがないのは当然のことです。

　このとき、足りないデータを補完したのは「オープンデータ」の存在でした。最近は自治体や企業が保有しているデータを無料で公開するオープンデータが増えており、自治体が公開していた人口統計や交通アセスメントのデータなどを活用しました。オープンデータは今後さらに増えていくとみられます。データの幅が広がると分析の幅も広がるので活用を検討してみましょう。

　オープンデータの利用には注意点もあります。オープンデータはそのデータの信憑性について後々問題となるリスクがあります。利用時にはシステムのオーナーの合意を取っておくことが重要です。利用制限がある場合もあるので、利用規約などを事前に確認しておきましょう。

第6章

実践ステップ④「モデリング」

6-4 ニューラルネットワークモデル

　最近、「AIを使って分析したい」という話にはほとんど、「ディープラーニング」が出てきます。そして、このディープラーニングでも使われているのがニューラルネットワークです。

　ニューラルネットワークは、比較的精度が高い判別モデルを作れます。ただし、学習に時間を要します。ディープラーニングでは、分析精度を上げるにはより多くの学習データが必要になります。ニューラルネットワークを使用する場合には、分析結果の説明よりも、精度の高い判別が必要という場合に適しています。学習には時間がかかることを考慮したうえで分析を実行しましょう。なお、すでに学習したモデルを使用して予測する場合には、学習が必要ないため分析には時間がかかりません。

　ニューラルネットワークのモデルは、脳の神経回路網をシミュレートしたモデルです。そのため、人間が物事を覚える方法にたとえられます。新たな情報が入ってきた場合、**表6-3**のようなデータを使って学習した結果から乗り物を判断します（**図6-46**）。

表6-3　ニューラルネットワークの学習データ

学習データ入力			出力
音	形	大きさ	結果
ゴー	縦にも横にも長い	大	飛行機
ガタンゴトン	長くてつながっている	中	電車
ブー	4個の丸の上に箱がある	小	車
ブー	2個の丸の上に人が乗る	小	バイク

139

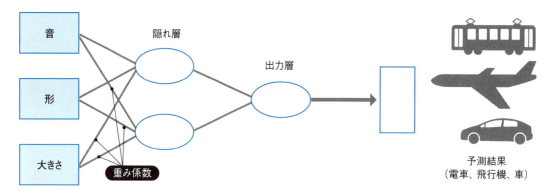

図6-46　ニューラルネットワークの学習モデル

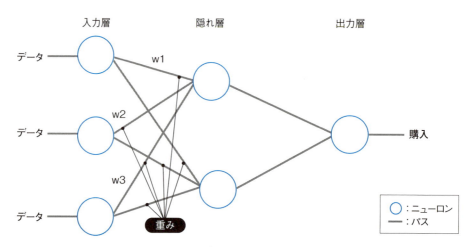

図6-47　ニューラルネットワークのモデル

　ニューラルネットワークは、以下に示す流れで学習を行います（図6-47）。

（1）入力層　→　出力層
　学習データが入力層からニューロンのネットワークを通じて次の層に伝播するか否かを決定しながら出力層まで伝播します。

第6章
実践ステップ④「モデリング」

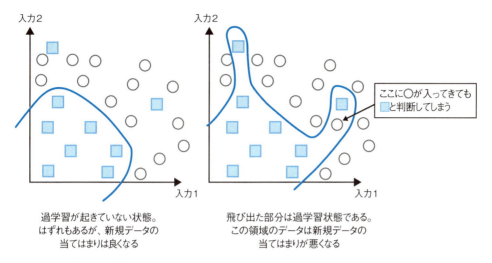

図6-48　通常の学習状態と過学習状態の図

(2) 後方伝播（バックプロパゲーション）
伝播された予測値と実測値の誤差を計算し、その誤差をネットワークの逆方向に伝播し、重みを調整します。

(3) 停止条件
最適な重みが見つかるまで、結合した重みが調整され、ニューラルネットワークが経験に基づいて学習します。

ニューラルネットワークで分析した結果は、精度で確認します。学習モデルにデータを投入してどのくらい正しい判断をしているかという値です。ニューラルネットワークはデータを非線形に分析するため、複雑曲線を描けます。精度の高い予測を得られる場合が多く、外れ値もうまくモデルに取り込めます。

ニューラルネットワークは外れ値もルールに取り込める半面、学習用データの固有の癖まで記憶してしまいます。このような状態を「過学習」といいます（**図6-48**）。過学習の状態になると、学習し

141

たデータにしか合わないモデルとなり「使えないモデル」となってしまいます。

　そこで、過学習が起きているかどうかを学習時に検証する必要があります。代表的な検証方法は、分析用に使用するデータをランダムに学習用と検証用に分割し、学習用データで学習モデルの作成、検証用データで評価を行う方法です（**図6-49**）。一般的には学習用データを7割、検証用データを3割で作成します。

　そして、学習用データによる予測精度と検証用データでの予測精度の差が小さければ（一般的に±5％以内）モデルに信頼性があると判断できます。この検証方法を「ホールドアウト法」といいます。

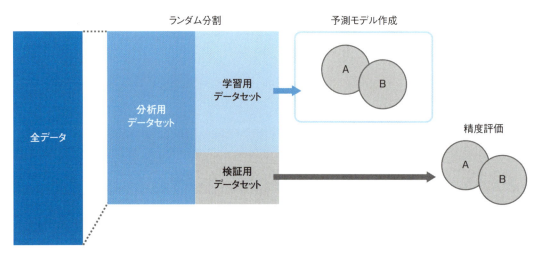

図6-49　データの分割イメージ

第6章
実践ステップ④「モデリング」

▶▶▶ データ分析ソフトで実践！

「ニューラルネットワークモデル」

　では、KNIMEを使ってニューラルネットワークモデルを実践してみましょう。データは前回と同様に「mikaku.csv」を使います。
　File Readerノードを使ってmikaku.csvを読み込み、クラスター分析と同様Normalizerノードを接続します。ニューラルネットワークではそれぞれの項目の単位が異なると収束しづらくなるため、Normalizerノードを使って正規化しておくとよいでしょう（図6-50）。

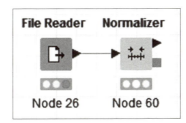

図6-50　File ReaderとNormalizerの接続

　Normalizerノードの設定画面を開き、Includeの設定を図6-51のようにします。

143

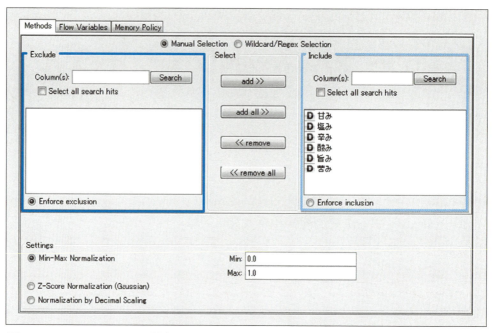

図6-51　Normalizerノードの設定画面

　その後、ニューラルネットワークのノードである「RProp MLP Learnerノード」を接続します（図6-52）。

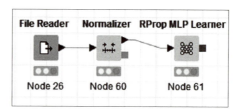

図6-52　RProp MLP Learnerの接続

　RProp MLP Learnerの設定では「class column」が「種別」になっていることを確認します（図6-53）。

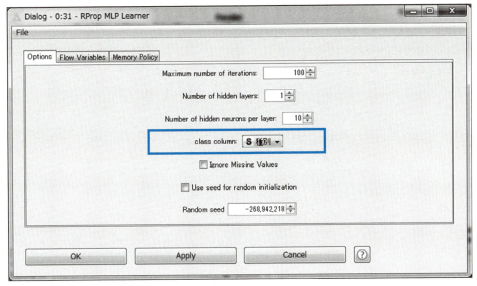

図6-53　RProp MLP Learnerノードの設定画面

　次に、ニューラルネットワークの場合にはプロファイリングができないため、予測精度を見てみましょう。RProp MLP Learnerの後に、ニューラルネットワークの学習モデルを使って予測を行うノードである「MultiLayerPerceptron Predictorノード」と精度を計算する「Scorerノード」を接続します（図6-54）。MultiLayerPerceptron Predictorは特に設定する必要がないのでそのまま実行をしておきます。

　MultiLayerPerception Predictorに2本の線が入っていますが、予測をするに当たり、学習モデルを入力するポートと、入力データのポートがあるため、予測をするノードには2本の入力があります。

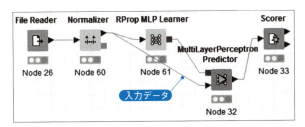

図6-54　MultiLayerPerceptron PredictorノードとScorerノードの接続

Scorerノードの設定画面を開きます。種別の予測精度を見るため「First Column」に「種別」、「Second Column」に「Prediction（種別）」を選択します（図6-55）。

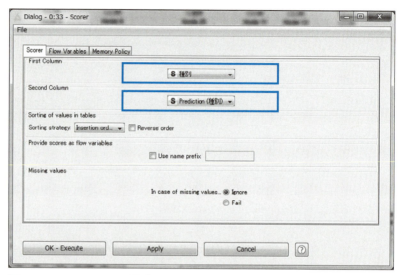

図6-55　Scorerノードの設定画面

　Scorerノードの実行結果を見ると、うまく100％の精度で予測できています（図6-56）。

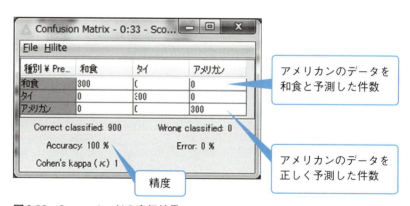

図6-56　Scorerノードの実行結果

なお、ホールドアウト法を使用する場合には、データを分割するノードである「Partitioningノード」を使います。RProp MLP Learnerの前にPartitioningノードを配置します（図6-57）。先ほど作成したフローの間に入れる場合には、接続線を接続しなおせば途中に入れられます。

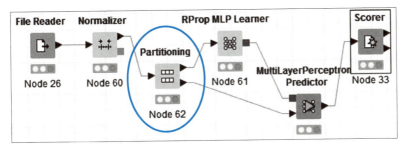

図6-57　Partitioningノードの配置

Partitioningノードの設定を見てみましょう（図6-58）。ここではデータを「first」と「second」に分割します。そしてfirstをどのように分割するかを指定します。「Absolute」はレコード件数を指定、「Relative[%]」は全データにおける割合を指定します。また「Draw randomly」は単純にランダムに取得する方法で、「Stratified sampling」は指定した項目（ここでは種別）のカテゴリー比率が同じになるように分割します。この例では「Relative」で70%としています。

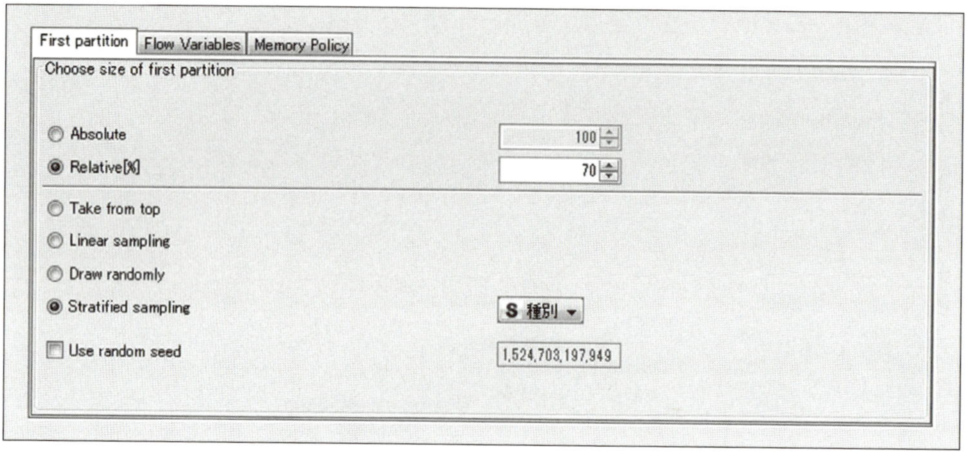

図6-58 Partitioningノードの設定画面

　分割したデータは、Partitioningノードのアイコン右に出ている三角の突起の上がfirst、下がsecondになります。それぞれをRProp MLP LearnerとMultiLayerPerceptron Predictorに接続します（図6-59）。

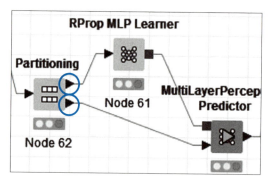

図6-59　RProp MLP LearnerノードとMultiLayerPerceptron Predictorノードの接続

　これによりニューラルネットワークのモデル作成には、firstのデータが使用されsecondのデータを使用して検証を行うというフ

ローになります。

　では、ニューラルネットワークモデルがどのように予測したか結果も見てみましょう。結果を見るにはMultiLayerPerceptron Predictorのノードを右クリックでメニューから「Classified Data」を選択します（図6-60）。

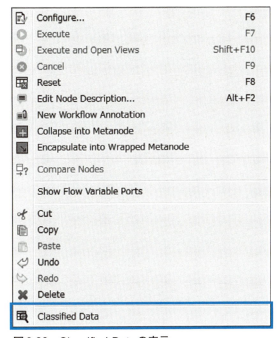

図6-60　Classified Dataの表示

　結果画面が表示されます。青い枠で囲った部分が予測した項目になります。「P（種別=和食）」の項目のカラーバーが長い部分は「Prediction（種別）」が和食、「P（種別=タイ）」の項目のカラーバーが長い部分は「Prediction（種別）」がタイとなっています。このカラーバーはマウスを重ねると数値も出ますが、長いのは確率が高いと予測している項目です。つまり「P（種別=和食）」以外のカラーバーは「0」で「P（種別=和食）」の項目のカラーバーが「1」

と最も長いため、ほぼ和食だと予測しています（図6-61）。

図6-61　Classified Dataの実行結果

第6章

実践ステップ④「モデリング」

経験から得た現場ノウハウ

最適化の目標は人それぞれ

カーナビや乗り換え案内に使われているルート検索機能では、目的地を入力すると最適なルートや電車の乗り換え情報が表示されます。ここには「数理計画法」という手法が使われています。問題の条件を与えるとコンピューターは最適な答えを返すよう設計されています。

「最適な答え」とは何でしょうか。目的地までのルートを調べる場合は、料金、時間、距離などいくつか指標が考えられ、ルート検索機能ではそれぞれ料金または時間が最小となるルートを選べます。しかしそれだけで十分でしょうか?

私は通勤に、時間と料金いずれも最適でないルートを選んでいます。それは乗り換えのしやすさや混雑の度合い、経由する駅の好みを総合的に考慮した結果です。これらは数値で定量化することが困難でしょう。何が最適であるかは状況によって変わるのです。

以前インドに滞在していたとき、最も安い移動手段はバスでしたが、地図アプリの表示どおりに最寄りのバス停に行くと何十分も待つことになり、歩いたほうが早かった場合がよくありました。インドのバスは時刻表がないので、不確実性の回避を重視するなら徒歩が最適です(ただし「○%の確率で○分で着く」といった定量化はできるかもしれません)。数理計画法では問題さえ与えればコンピューターが最適解を出力してくれますが、どんな答えを良しとするかという目標設定は人間にしかできません。

目標があいまいだと、どんな高度な最適化手法やどんな高性能なコンピューターを使っても的外れな答えしか出てきません。昨今「AIに職を奪われる」という議論がありますが、目標を決める部分については人間の意思が介在する限り、機械化できない領域であると考えています。

6-5 決定木モデル

　決定木モデルは、分析結果の説明が容易なため機械の故障分析などでよく使います。例えば、製造ラインで不良品が発生する原因を分析する場合、製造データに「不良品」という項目を追加したデータを分析します。「不良品」が目的変数となる教師あり学習です（**表6-4**）。

　決定木モデルは質的変数と量的変数が混在していても分析が可能なモデルで、分析結果も分割の流れが分岐図で見えるため、理解しやすいというメリットがあります。そのため、上司や顧客に分析結果を報告する必要がある場合にはよく使われる手法になります。

　決定木モデルは複数ありますが、大きく分けて二分岐のモデルを作成するものと三つ以上に分岐ができるモデルがあります。

表6-4　目的変数を追加した表

日時	温度	湿度	電圧	不良品
2018/04/01 6:00	32	40	100	0
2018/04/01 6:01	33	42	110	1

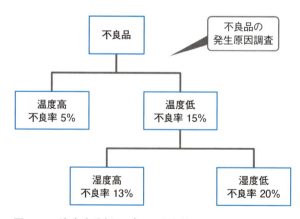

図6-62　決定木分析モデルの出力結果

「CART」などは二分岐のモデルで、「C4.5」などは三つ以上に分岐が可能なモデルです。決定木モデルは目的変数に対して影響の強い要因の順に分岐を作成し、判別するモデルを作成します（図6-62）。決定木では以下の流れで学習を行います。

（1）分岐基準
すべての変数内で可能な分岐点を試行し、分岐前後の集中度改善が最大の点を検出します。

（2）変数選択
分岐前後の集中度改善が最大となる変数から分岐を作成します。

（3）自動化
（1）（2）を分岐後のノードで繰り返し、学習しながら全分岐を進めます。

集中度改善とは、分岐を作成したときに、あるカテゴリーに集中するような分岐条件を探すことです。以下の例では果物を糖度で判別しようとしたとき、糖度が12％で判別するより13％で判別したほうが、りんごの判別に集中しているため、分岐条件としては良いことになります（図6-63）。

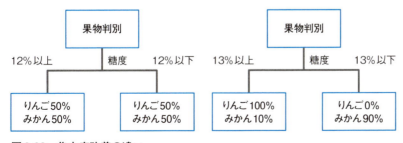

図6-63　集中度改善の違い

決定木モデルもニューラルネットワークと同様に非線形の分析です。複数の線で分割した領域を描けるため、外れ値に対しても、うまくモデルに取り込めます（**図6-64**）。

　また、決定木分析モデルにおいても過学習が発生します。そのため、データを学習用と検証用に分割して検証するホールドアウト法を使用します。また、分岐が多い場合には、あまり使われていない分岐部分を削除する「枝刈り」を行います（**図6-65**）。

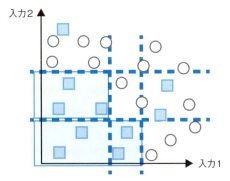

図6-64　決定木モデルの矩形分割

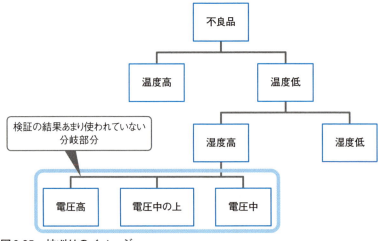

図6-65　枝刈りのイメージ

▶▶▶ データ分析ソフトで実践！

「決定木モデル」

では、KNIMEを使って決定木モデルを実践してみましょう。データは今回も味覚センサーのデータを使います。

まず、File Readerノードを使ってmikaku.csvを読み込みます。その後、決定木分析ノードである「Decision Tree Learnerノード」を接続します（図6-66）。

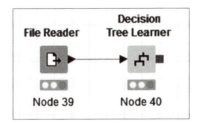

図6-66　File ReaderノードとDecision Tree Learnerノードの接続

Decision Tree Learnerノードの設定画面で「Class column」が「種別」になっていることを確認します（図6-67）。設定が終われば実行しましょう。

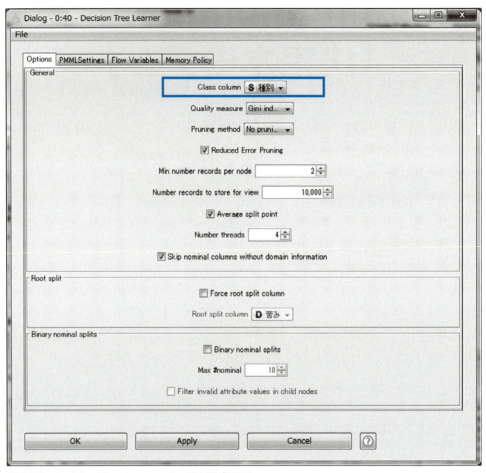

図6-67　Decision Tree Learnerノードの設定画面

　　図6-68の実行結果を見ると最初の分岐で旨みが「2.8556以下」はタイ料理で、それ以上は和食かアメリカンという結果になりました（①と②）。次に塩みが「2.9975以下」であれば和食、それ以上はアメリカンという結果です（③と④）。

第6章
実践ステップ④「モデリング」

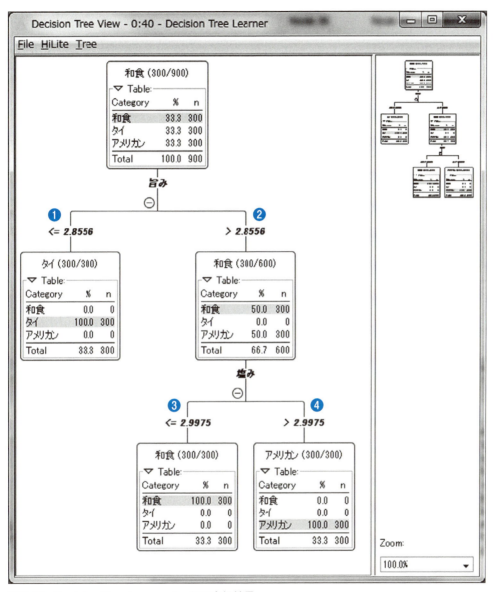

図6-68　Decision Tree Learnerノードの実行結果

　このように、決定木モデルではそのまま説明できるような分析結果を得ることができます。

157

経験から得た現場ノウハウ
ジニ係数にご用心

　KNIMEで「Decision Tree Learner」の設定画面には「Quality measure」という項目があり、デフォルトで「Gini index」が設定されています。このように機械学習では様々な評価指標や係数が出てきますが、「ジニ係数」もそのうちの一つです。

　もともと、イタリアの統計学者コッラド・ジニ氏によって考案され、主に社会における所得分配の格差を表す指標で、ジニ係数が「0」ならば所得格差のない平等な社会、逆に「1」ならば1人が社会の全所得を独占していることを表します。

　機械学習では、精度評価のときや決定木の分岐を決定するときに、このジニ係数という言葉が見られます。ここで注意しなければならないのは、当初定義された所得格差を表すジニ係数、精度評価のときのジニ係数、決定木の分岐を決定するときのジニ係数は、すべて計算方法が違う別物だということです。名前が同じなので同じ指標と思って理解しようとすると、つまずきます。

　所得格差を表すジニ係数は、ローレンツ曲線を描き、その図の面積比から計算します。一方、精度評価のときのジニ係数は、ROC（Receiver Operating Characteristic）曲線を描き、その図の面積比から計算します。また、決定木の分岐を決定するときのジニ係数は「ジニ不純度」と呼ばれ、ある集合から1標本を抽出して戻し、再び1標本を抽出したときに1回目の抽出と異なるカテゴリーを抽出する確率から計算します。

　インターネットを見ていると、言葉が同じためか混同している説明をよく見かけます。ジニ係数という言葉を見かけたときは、どの意味のジニ係数かを意識しましょう。

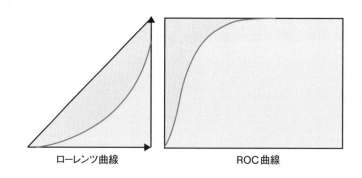
ローレンツ曲線　　　　ROC曲線

6-6 アソシエーションモデル

「アソシエーションモデル」は、「ある事象」と同時に発生している事象は何かを発見するモデルです。分析に当たっては、目的変数も説明変数も質的変数である必要があります。マーケティングにこのモデルを応用した例としてバスケット分析があります。例えば、スーパーマーケットでの購買履歴から「とうふ」と「ねぎ」が同時に購入されているといった分析結果を得ることです。このようにアソシエーションモデルはマーケティングで例が多いのですが、IoTデータにも活用できます。IoTデータは一般的に数値データ、つまり量的変数であるため、質的変数に変換することによりこのモデルを使った分析が可能となります（表6-5、表6-6）。

このようにデータを高、中、低といった質的変数に変換することにより、不良品が発生するときに説明変数間でどういう事象が発生しているのかが分かります。

表6-5 IoTデータに不良品を表す項目を追加した表

機械1電圧	機械1回転数	機械2電圧	機械2回転数	不良品
100	180	99	190	0
110	200	113	250	1
90	150	95	180	0

表6-6 量的変数を質的変数に変換した表

機械1電圧	機械1回転数	機械2電圧	機械2回転数	不良品
中	中	中	中	正常
高	高	高	高	不良
低	低	低	低	正常

アソシエーション分析の結果は各種指標の値が出力されるので、それぞれの値をどのように見ていくかを説明します。

● **支持度（Support）**

支持度は、全事象に対するAの事象の割合を示します。この比率が高ければ事象Aの発生率が高いと考えます（**図6-69**）。

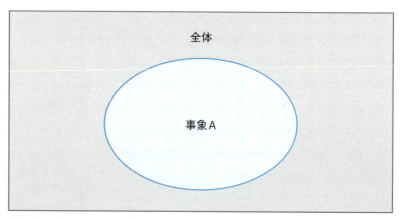

図6-69　支持度のイメージ

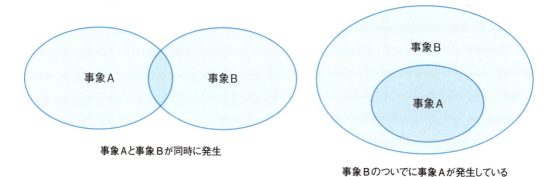

図6-70　確信度のイメージ

● 確信度（Confidence）

　確信度は、事象Aのうち、事象Aと事象Bが同時に発生する割合です。この比率が高ければ事象Aと事象Bの同時発生率が高いと考えます。この比率が高い場合でも、事象Bのついでに事象Aが発生している場合があるため、注意が必要です（図6-70）。そこでリフト値という指標があります。

● リフト（Lift）値

　リフト値は、確信度を全体から見た事象Aの比率で割った値です。0以上の値を取り、1より大きければ有効なルールといえます。図6-71のように、全体の事象から見たBの事象数より、Aの事象から見たBの事象数が高ければ、「A→B」が有効なルールとなります。朝食のメニューでたとえると、全体から見た「生卵」が選ばれる確率よりも「ご飯」を選んだ人が「生卵」を選ぶ確率が高いと「ご飯」→「生卵」が有効なルールといえるでしょう。

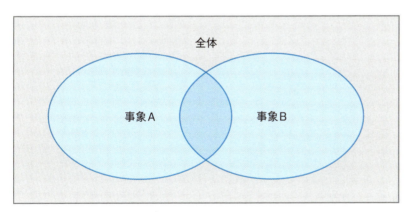

図6-71　リフト値のイメージ

▶▶▶ データ分析ソフトで実践！

「アソシエーションモデル」

　では、KNIMEを使ってアソシエーションモデルを実践しましょう。今回のデータはパソコンを製造している現場の不良品のデータ「PCfailure.csv」です。項目はDisk（ハードディスク）、MBoad（マザーボード）、Memory（メモリー）、failer（不良品）があります。

　それでは、KNIMEを起動しワークフロー画面にFile Readerノードを配置します。File Readerノードの設定ではPCfailure.csvを読み込む設定をします（図6-72）。

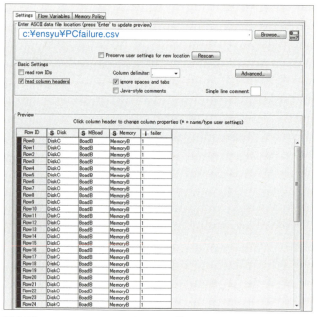

図6-72　File Readerノードによる読み込み

次に複数の列データを一つの列に集約するノードである「Create Collection Columnノード」を接続し、データをコレクション型に変換します（**図6-73**）。コレクション型とは複数の質的変数を一つの質的変数にまとめる作業です。KNIMEではアソシエーション分析を行う場合、このコレクション型に変換する必要があります。

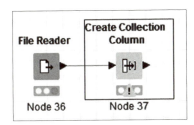

図6-73　Create Collection Columnノードの接続

Create Collection Columnノードの設定画面を開き、すべての項目をIncludeに含めます（**図6-74**）。

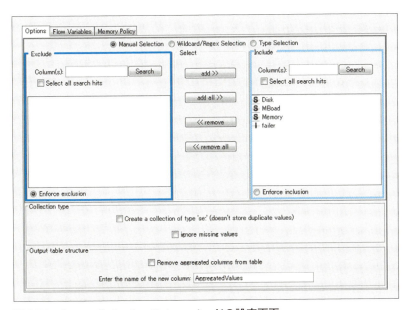

図6-74　Create Collection Columnノードの設定画面

次に、アソシエーションモデルを使用するため、「Association Rule Learnerノード」を接続します（図6-75）。

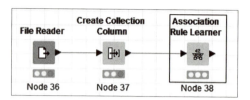

図6-75　Association Rule Learnerノードの接続

Association Rule Learnerノードの設定画面を開くとColumn containing transactionsにはコレクション型で作成した項目になっています。また、ルールが該当するデータが、最低で全体の何％かを抽出条件とする項目である「Minimum support」は初期値の「0.9」から「0.5」に設定し条件を緩めています。これにより表示結果が多くなります。同様にアソシエーションルールを出力するために「Output association rules」にチェックを入れ、出力条件を緩めるために「Minimum confidence」を「0.5」にします（図6-76）。設定が終われば実行します。

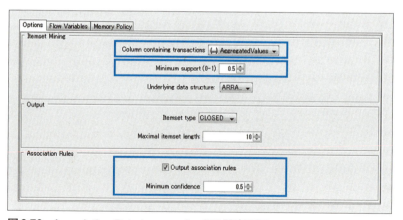

図6-76　Association Rule Learnerノードの設定画面

第6章

実践ステップ④「モデリング」

　実行の結果画面が表示されたら同時に発生する指標である「Lift」の項目を「Sort Descending」で並び替え、リフト値の高い順番に並び替えます（**図6-77**）。また、Failerが1の項目に関連する項目を見たいため「Consequent」の項目を「Sort Ascending」で並び替えます。

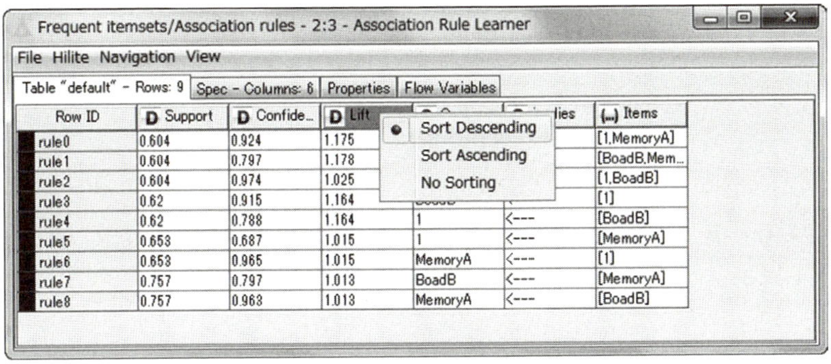

Row ID	D Support	D Confide...	D Lift			lies	{...} Items
rule0	0.604	0.924	1.175	● Sort Descending			[1,MemoryA]
rule1	0.604	0.797	1.178	Sort Ascending			[BoadB,Mem...
rule2	0.604	0.974	1.025	No Sorting			[1,BoadB]
rule3	0.62	0.915	1.164				[1]
rule4	0.62	0.788	1.164	1	<---		[BoadB]
rule5	0.653	0.687	1.015	1	<---		[MemoryA]
rule6	0.653	0.965	1.015	MemoryA	<---		[1]
rule7	0.757	0.797	1.013	BoadB	<---		[MemoryA]
rule8	0.757	0.963	1.013	MemoryA	<---		[BoadB]

図6-77　Association Rule Learner実行結果画面でのソート指示

　その結果、ItemsのBoadBとMemoryAが同時に発生したときは、failerが1の状態が発生する、つまりBoadBとMemoryAの組み合わせでは故障が発生していることが分かります（**図6-78**）。

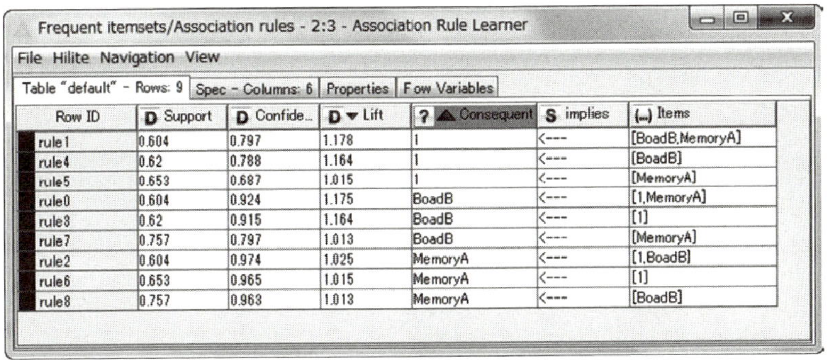

Row ID	D Support	D Confide...	D ▼ Lift	? ▲ Consequent	S implies	{...} Items
rule1	0.604	0.797	1.178	1	<---	[BoadB,MemoryA]
rule4	0.62	0.788	1.164	1	<---	[BoadB]
rule5	0.653	0.687	1.015	1	<---	[MemoryA]
rule0	0.604	0.924	1.175	BoadB	<---	[1,MemoryA]
rule3	0.62	0.915	1.164	BoadB	<---	[1]
rule7	0.757	0.797	1.013	BoadB	<---	[MemoryA]
rule2	0.604	0.974	1.025	MemoryA	<---	[1,BoadB]
rule6	0.653	0.965	1.015	MemoryA	<---	[1]
rule8	0.757	0.963	1.013	MemoryA	<---	[BoadB]

図6-78　Association Rule Learner実行結果画面でのソート結果

165

経験から得た現場ノウハウ

アイスが売れるほど水難事故が増える？

　線形回帰分析するときは、事前の分析として相関分析を試す場合が多くあります。相関分析によって、説明変数が増加すると目的変数も増加（あるいは減少）する直線的関係があるかどうかを見ます。相関関係があれば、目的変数を説明変数の直線式で予測しやすくなります。

　相関関係の強さは、相関係数という評価指標で判断し、1（あるいは -1）に近いほど相関関係が強いと判断します。しかし、相関関係が強いからといって因果関係があるかどうかは判断できない場合があります。例えば、アイスの売り上げと水難事故の数を見た場合、相関関係が高く出るでしょう。でも、それでアイスの販売を中止しようというのはおかしな話です。これは相関関係があるけれど因果関係はない例です。

　では、アイス販売量と水難事故数の相関係数がすごく高く「0.98」くらいだとします。すると、因果関係はないにしても、アイスと水難事故がすごく強く関係しているように見えます。実際、データを分析していると、絶対関係なさそうな2変数の相関係数がやたら高いことがあります。このときは、疑似相関を疑いましょう。アイスと水難事故は見かけ上、相関係数が高いですが、2変数には「気温（猛暑）」という共通要因があり、気温とアイス、気温と水難事故の相関が高いので、アイスと水難事故が見かけ上で強く関係しているように見えるケースです。これを「疑似相関がある」といいます。

　よくある疑似相関のケースは、時系列データ同士の相関をそのまま計算し、二つの時系列データは相関が高いという誤った結論を出してしまうケースです。例えば、東京の子供が成長すると、アフリカの象も成長するというのを、「東京の子供の成長とアフリカ象の成長は相関が高い」としてしまうと問題があります。時系列データ同士の相関は疑似相関で、共通要因に「時間」があります。気をつけましょう。

第6章
実践ステップ④「モデリング」

■同じデータでも複数のモデリング手法が適用できる

　本章では六つの基本的なモデリング手法を説明しました。数値を予測するには線形回帰分析やニューラルネットワーク、判別予測ではニューラルネットワーク、決定木分析といった手法、そして、分類を行うクラスター分析、相関関係を見るアソシエーションルールです。

　また、味覚データをクラスター分析やニューラルネットワーク、決定木分析と三つのモデリング手法で分析しましたが、ロジスティック回帰を使って料理を予測する予測式を作ることもできます。なお、味覚データの数値を「Numeric Binner ノード」というカテゴリーデータに変換するノードを使用すればアソシエーションルールを使用して相関関係を見ることができます。

　このように、データを加工し、型を変えることで同じデータでも複数のモデリング手法を適用できます。本章のはじめのほうで述べた分析精度や説明しやすさも踏まえてモデリング手法を選択しましょう。

■■ 本章のまとめ

- モデリングとは、統計的な手法を使って予測や分類をするモデルを作る作業
- 分析の対象によって、適切なモデリング手法が異なる
- 手法が持つ精度の高さだけでなく、業務やシステムとの連携を考慮して選ぶ

167

第7章

実践ステップ⑤
「評価」、
ステップ⑥
「展開」

第7章 実践ステップ⑤「評価」、ステップ⑥「展開」

モデリング選択、やり直しを適切に判断しビジネスに結ぶ

データ分析は、いくつかのモデリング手法を用いる。どれが最適なのかを適切に判断する評価プロセスが重要だ。いずれのモデリング手法も精度が低ければ、プロセスを戻ってやり直す必要がある。本章では、適切な評価のための手法、評価結果の説明のためのノウハウを解説する。また、ビジネスへのつなげ方についても説明する。

　データ分析の結果は、「評価」を行い、結果の良しあしを判断します。モデリング時には、複数のモデリング手法を試行し、データ加工においても、複数のパターンを試したい場合があります。この場合、評価しなければ最適なモデリング手法を選択できません。

　そこで、モデリングで学習モデルを作成したら、その学習モデルを使って予測や分類を実施し、評価します。評価方法は、まず学習データを使用して学習モデルを作成。次に学習モデルを用いて検証データを使った予測または分類を行います。学習の値と予測の値の誤差を指標値で見て、評価するわけです（**図7-1**）。

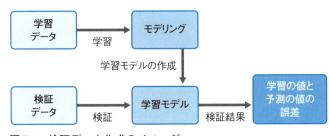

図7-1　検証データ作成のイメージ

第7章

実践ステップ⑤「評価」、ステップ⑥「展開」

　各種モデリング手法やデータ加工を試しても評価が低い場合には、ビジネスの理解に戻りましょう。業務内容からデータの見落としがないか、見直しが必要ないか、あるいは理解の齟齬がないか確認します。

　モデリングによって生成されたモデルの良しあしを評価するには、様々な指標があります。それらの評価方法には大きく二つのケースがあります。

　一つめは、目的変数が量的変数の場合です。この場合は「AIC」、「BIC」、「MAE (Max Absolute Error)」、「自由度調整済みR2乗値」、「MAE (Mean Absolute Error)」、「RMSE」などがあります。これらの指標は、主に予測値がどれだけ観測値と近いかを表しています。

　二つめは、目的変数が質的変数の場合です。この場合は「混同行列」（後述）を基本として考えます。

　評価の指標にはいろいろありますが、混在して使用しないようにします。一つの分析で複数のモデリングを行い、どのモデルが最適なのかを判断する場合には、すべて同じ指標を使用して評価しなければなりません。また、使用する分析ソフトによっては算出される指標が異なるため、どの指標が算出可能なのかを確認しましょう。以下では、代表的な指標について説明します。

7-1　目的変数が量的変数のときの指標

● AIC （Akaike's Information Criterion：赤池情報量基準）

　モデルの良さを表す指標です。値が小さいほど良いモデルになります。説明変数が増えるたびにペナルティーが加算され、値が大きくなるように定義されています。

● BIC （Bayesian Information Criterion：ベイジアン情報量基準）

　AICと同様ですが、AICはレコード数が多くなるほど値が小さめ

に算出されるため、BICでは調整された値が算出されるようになっています。

● MAE（Max Absolute Error：最大絶対誤差）

最大誤差の大きさを表す指標です。すべてのレコードの予測値と実測値の差の最大値を絶対値で見ます。

KNIMEの「Numeric Scorer」で表示される指標について説明します（図7-2）。

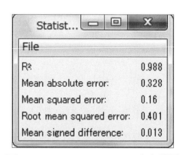

図7-2　Numeric Scorerの出力結果

● R2乗値または自由度調整済みR2乗値

この値は第6章の線形回帰モデルで説明した値で、モデルの当てはまりを表しています。

「分析の精度が非常に良い」・・・0.8以上
「分析の精度がやや良い」　・・・0.5以上
「分析の精度が良くない」　・・・0.5未満

● MAE（Mean Absolute Error：平均絶対誤差）

誤差の平均的な大きさを表す指標です。数値が小さいほうが誤差の少ないモデルになります。すべてのレコードの予測値と実測値の差の絶対値の合計をレコード数で割ります。

● MSE（Mean Squared Error：平均平方誤差）

誤差の平均的な大きさを表す指標です。数値が小さいほうが誤差

第7章

実践ステップ⑤「評価」、ステップ⑥「展開」

の少ないモデルになります。すべてのレコードの予測値と実測値の
差の二乗値の合計をレコード数で割った値になります。

● RMSE（Root Mean Squared Error：誤差の平均平方根）

　誤差の平均的な大きさを表す指標です。数値が小さいほうが誤差
の少ないモデルになります。MSEの平方根になります。

● MSD（Mean Signed Difference）

　誤差の平均的な大きさを表す指標です。数値が小さいほうが誤差
の偏りが少ないモデルになります。すべてのレコードの予測値と実
測値の差の合計をレコード数で割ります。

7-2　目的変数が質的変数のときの指標

　目的変数が質的変数の場合は混同行列を作成するとよいでしょ
う。「混同行列」とは、予想した結果か、そうでなかったかを数え
た表です（図7-3）。

　例で示すとネコを判別するモデルを作成し検証をしたとき、ネコ
と正しく判別してくれたかといったことです（図7-4）。

　これらの混同行列を基に評価していきますが、KNIMEには

	予想は〇	予想は✕
実際は〇	TP（True Positive）	FN（False Negative）
実際は✕	FP（False Positive）	TN（True Negative）

図7-3　混同行列

	予想はネコ	予想はネコ以外
実際はネコ	ネコと正しい判別	ネコ以外と誤判別
実際はネコ以外	ネコと誤判別	ネコ以外と正しい判別

図7-4　混同行列の利用例

173

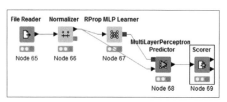

図7-5　KNIMEによる混同行列表示の例

Scorerノードという機能があり、Predictorノードの後に接続して実行すれば、いろんな値を見ることができます（図7-5）。

続いて、KNIMEで表示される値を説明します。

●正解率（Accuracy）

モデルがどれだけ正しく判別したかを表す指標です。値が大きいほうが良いモデルになります。正しく判別した件数をレコード数で割った値です。

●不正解率（Error rate）

モデルがどれだけ外れているかを表す指標です。値が小さいほうが良いモデルになります。誤判別した件数をレコード数で割った値です。

●適合率（Precision）

予想が○のうち、実際に○だった割合です。

●感度（Sensitivity）（＝検出率（Recall））

実際に○のうち、予想が○だった割合です。

●特異度（Specificity：KNIMEの表記はSpecifity）

実際に×のうち、予想が×だった割合です。

●F値（F-measure）

適合率と感度のトレードオフを考慮して両者の調和平均を取った値です。値が大きいほど良いモデルです。

第7章
実践ステップ⑤「評価」、ステップ⑥「展開」

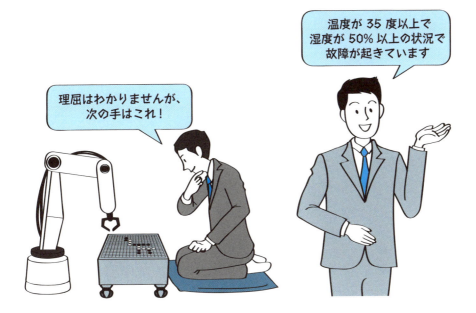

図7-6　分析の結果は高い精度か説明か

● 一致度（Cohen's kappa）

予想と実際の一致度を評価する指標です。値が大きいほど良いモデルです。

精度が高いことも重要ですが、分析内容を依頼者に説明できなければならない場合もあります。例えばコンピューター囲碁の場合はどのような思考パターンによって次の手を考えるかは重要ではなく、「勝てる手」であればよいのです。しかし、機械の故障予兆を分析する場合は結果だけではなく、センサーのどの項目の値がしきい値を超えたので数時間以内に故障になる可能性があるというアナウンスができれば、故障を防ぐ対策にもつながるでしょう（図7-6）。

このように、分析の依頼者はどのような分析でどのような結果報告を望んでいるのかを踏まえて精度評価をしましょう。

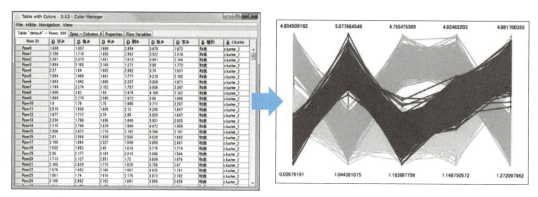

図7-7　データを表とグラフで表した例

7-3　分析結果をまとめる

　精度評価が終われば、分析結果を報告書としてまとめましょう。分析結果はできるだけグラフや図でまとめます。出力結果が数値でもグラフや図で可視化したほうが見やすくなります（図7-7）。

　報告書の内容については以下の観点を盛り込むとよいでしょう。

（1）分析の目的

　報告に当たっては認識の齟齬がないように分析の目的と目標を説明しましょう。

（2）対象のデータ

　入手したデータの一覧に対し、使用したデータと使用しなかったデータを説明します。除外したデータは簡単に理由を記載するとよいでしょう。また、使用したデータは可視化し、どういった特徴のデータなのかを説明しましょう。

（3）クリーニング内容

　使用したデータに対し、どのような加工をしたのかを説明しま

実践ステップ⑤「評価」、ステップ⑥「展開」

しょう。欠損値はレコードを削除したのか、平均値や規定値で補完したのか、または欠損値が多い項目は項目そのものを削除したなどを記載します。適正な運転状態だけを使用して分析したのであれば、「適正運転期間であるXX月XX日からXX月XX日を使用」もしくは「XX項目の値が10から20の間のデータを使用」といったことを記載しましょう。新たな項目を生成した場合には、どのような意味の項目なのかを説明するとよいでしょう。

(4) 分析に使用したモデルの説明

初めて説明を聞く人達にとって、クラスター分析やアソシエーション分析といわれてもよく分かりません。できれば使用したモデリング手法の簡単な説明を入れるとよいでしょう。

(5) 分析結果

分析結果をまとめます。回帰式を作成するような予測モデルの場合には予測式を記載しますが、その予測式を使うとどうなるのかを説明します。つまり「分析に使用したデータで予測をしてみる」ということです。実際には予測式を現場で試行する工程が必要になりますが、そもそも今ある全データに適用して、おかしな結果であれば意味がありません。ニューラルネットワークの場合は予測精度が高くてもどのように予測したのか説明ができません。しかし、ニューラルネットワークの予測データを決定木分析で判別することで、ニューラルネットワークがどのように予測したのかを推測することができます。クラスター分析やアソシエーションモデルといった分類や説明を行うモデリング手法についてはプロファイリングが必要になります。どのような分析結果で業務知識を踏まえるとどういう意味になるのかをプロファイリングし、その結果を説明しましょう。

177

経験から得た現場ノウハウ

どのようなモデルが良いモデルなのか

　モデルの良さを考えたときに、予測値と観測値が近ければ近いほど良いモデルといえるのでしょうか。実は、重回帰分析の場合、説明変数の数を増やせば増やすほどR2乗値が「1」に近づく傾向があることが知られています。では、説明変数が3個でR2乗値が「0.8」、説明変数が10個でR2乗値が「0.85」という二つのモデルがあったとき、どちらが良いモデルでしょうか。それほど精度が変わらないのであれば、分かりやすい単純なモデルのほうが理解しやすく良いモデルとはいえないでしょうか。

　評価指標の中で、AICとBICという指標が、このモデルの単純さを考慮した指標です。どちらの指標も、説明変数が増えるたびにペナルティーが加算され、値が大きくなるように定義されています。それぞれの日本語名と計算式を以下に示します。

　AIC（赤池情報量基準） ＝ $-2\ln L + 2k$
　BIC（ベイジアン情報量基準） ＝ $-2\ln L + k\ln n$
　（ただし、lnは自然対数、Lは最大尤度、kは説明変数、nは観測値数）

　AICもBICも第1項はモデルの当てはまりの良さ（予測値と観測値の近さ）を表し、第2項は説明変数が増えたときのペナルティー項を表しています。これらの指標は、R2乗値のように一つのモデルだけでモデルの良しあしを評価できず、二つ以上のモデル同士を比較するための相対値になっています。比較してみて値が小さいほど良いモデルとされます。

　また、AICとBICは第2項が異なりますが、これは観測値数nが多くなるほどAICが低めに算出されることを補正するためです。モデリングでは様々な評価指標があって覚えるのも大変ですが、評価は大事な工程ですので、なるべく多くの評価指標によって多角的に評価することをお勧めします。

第7章

実践ステップ⑤「評価」、ステップ⑥「展開」

7-4 精度目標に達しなかった場合

精度目標に達していない場合には、前の工程に戻ります。そもそも目標が高すぎないか、目標をもう少し細かい段階に分けて分析できないかを検討しましょう。

データについては、分析に使用している項目は正しいか、重要な項目を削っていないか、または関係がない項目を入れていないか、クリーニング方法は正しいか、通常と異なるデータ（業務から見ると異常なデータや特殊なデータ）を正常データとして入力していないかをチェックします。

モデリング手法については、他のモデルと比較したか、ほかに使えるモデルがないか、データの尺度やフォーマットの観点から使用できないと思っていたモデルもデータ変換やフォーマット変換によって使用できないか、などを考えてみましょう。

特に、データの理解と準備に関しては、加工における各種テクニックがあります。その手法に関しては第8章で解説します。

7-5 精度目標に達した場合

精度目標に達した場合には結果の「展開」を行います。

結果の展開では、次のビジネスアクションを決定します。ビジネスアクションにはいろいろあります。例えば、運用手順を改善して運用に組み込む、設備の交換や追加を行う、新たなシステムを作成して導入するなどのアクションが考えられます。

池の水質を改善する薬品を投入する分析を行った場合には、投入する薬品の最適な量を予測するシステムを作成します。しかし、システムを作ったら終わりではありません。池の水質は住宅街やショッピングセンターが新たに作られると大きく変わってしまいます。水質が変わる前のデータで作成した学習モデルは水質が変わっ

179

た後ではすでに古いモデルとなっています。そのため、定期的に監視を行い、水質が変わっていないかを確認します。変わった場合には原因は何か、環境の変化がないか、データの加工方法に問題はないかなどを確認しましょう。環境の変化がある場合には学習モデルを作り直すことも検討します。

　IoT機械からのセンサーデータを分析する場合、一度分析した学習モデルが長く使えるわけではなく、状況が変われば結果が変わってしまいます。状況が変わらなくても蓄積されたデータを増やして学習モデルを更新していけば、さらに精度が上がります。予測（分類）状況のモニタリングと学習モデルの更新については定期的な計画を立てましょう。

7-6　運用手順などに組み込む

　データの分析結果によっては、運用手順を作成して運用に組み込むことで効果を発揮するアクションもあります。例えば、機械の異常検知を分析した結果、あるしきい値を超えたときに異常となる事実が分かった場合、かつその値がパソコンやメーターなどで確認できる場合には、定期的に値を確認する運用手順を入れて異常を検知できます。

7-7　設備の交換や追加

　交換部品を3カ月ごとに交換している機械がある場合、異常検知の運用などによってリアルタイムに監視できれば、3カ月で交換していた部品も4カ月もつかもしれません。これにより年間の部品代も変わってくるでしょう。また、異常検知の分析結果によっては室内温度を一定にする空調機を導入すれば改善されるかもしれません。分析の結果を踏まえて設備投資も検討しましょう。

7-8 業務と連携したシステム化

機械の異常を検知したい場合や適切な薬品量を投入したい場合にはIoT機械からセンサーデータを取得しアナウンスを行うシステムを作成することを検討します（図7-8）。

図7-8　システム化の例

「運用手順などに組み込む」という話もしましたが、IoT機械と連携してアナウンスをしてくれるにこしたことはありません。また、ここでは簡単なアナウンスシステムの例を挙げましたが、生産機械のスイッチなどと連携をすれば生産機械を計画的に停止する運転システムにもなります。なお、システム化を行う場合には先述したとおり、予測（分類）状態の定期的な監視や学習モデルの更新を盛り込むようにしましょう。

■ 分析作業は1回では目標に達しない

本章では、作成したモデルの精度を算出し、最適なモデルを選択する方法や、説明が容易なモデルで分析して精度を確認することを取り上げました。また、分析結果はどのように報告書にまとめ、まとめた結果から次のビジネス展開で何を検討するのかを説明しまし

た。しかし、分析作業は1回で精度目標に達することはほとんどありません。では精度目標に達しなかった場合には何をすればよいのかを次の章で説明します。

本章のまとめ

- 学習モデルを使って評価し、最適なモデリング手法を選ぶ
- 評価の手法は多くあり、適切なものを選んで評価する
- 評価した分析結果は、可視化するなど分かりやすくまとめる

第8章

実践ステップ⑦
データのバリューアップ手法

第8章 実践ステップ⑦データのバリューアップ手法

業務知識を明らかにし
関連する知識を利用する

ここまで、データの理解、データの準備をし、モデリングの選択や評価を実施してきた。
それでもAIでは精度が出ないケースも多い。その場合、もう一度、データの価値を高める
手法を適用しよう。ここではそれを「バリューアップ手法」と呼ぶ。対象となる業務や課
題ごとに、適したバリューアップ手法は存在する。

　データ分析結果の評価が思わしくなかった場合、データの準備が
足りない場合があります。その場合には分析データの業務内容や運
用方法を把握しておらず、分析に必要な情報が足りていない場合
と、分析に適さない情報まで分析に使用していることがほとんどで
す。

　例えば、池の水質を改善する薬品を投入する予測分析を行う場
合、学習データには元の水質データと薬品を投入したデータと薬品
投入後の水質データがあります。ここで、薬品投入後の水質データ
を見て、正しく改善されていないデータがあると、AIは正しくな
い薬品の投入量を学習してしまいます。

　分析結果が良くない場合に「バリューアップ手法」を検討する必
要性を本章では説明します。ただ、データの理解における段階で
「バリューアップ手法が適用されるパターンはないか」を考えてお
けば、工程の戻りが少なく、精度の高い分析結果が得られます。

　ではバリューアップ手法とはどういったものか。それは、業務知
識を明らかにすることと、関連する知識を利用することです。

　一般的なデータの準備は、分析モデルの都合に合わせて行う作業

第8章

実践ステップ⑦データのバリューアップ手法

です。つまり、分析モデルに合わせて入手したデータに対して結合および集約を行い、分析モデルが読み込めるように型変換し、精度を上げるために正規化や欠損値の処理を行うといったものになります。

バリューアップ手法は、こうしたデータの準備作業に加え、業務の作業時間や製造ラインの機械の仕様といった業務知識を考慮したり、統計学はもちろん、微分やフーリエ変換といった数学の知識を利用した派生データを作成したりすることです。

また、バリューアップ手法とは、データの価値を高める作業ですが、価値のないデータを価値のあるデータにするというものがあります。例えば、データが表計算ソフトで記録されている場合です。この場合は人が利用するのに都合がよい形式になっていることが多く、一つのシートに複数の異なるデータがまとめられていたり、月ごとにシートが分かれていたりします。これは、データ分析ソフトにとっては非常に扱いにくい形式です。このようなデータは、分析する人によっては分析データとして使えないと思う人もいます。しかし、データの理解において必要なデータかどうかを判断し、必要であれば使えるデータにする作業が求められます。この場合は、表計算ソフトのシートごとにCSVファイルとして出力することを検討したり、一つのシートに複数の表がある場合にはそれぞれを別ファイルに出力するといった作業になります。このような地道な作業は大変ですが、分析結果や精度を高めるには重要な作業です。

以下に、七つのバリューアップ手法を紹介します。バリューアップ手法は、限定された手法ではなく、無限にあるものです。新たな業務には、新たなバリューアップ手法が存在するでしょう。ここではすべてを紹介できないため、よく遭遇する事例と手法を取り上げます。事例ごとにどのような問題が潜んでいて、どのような対応をしたのかを説明します。この事例を参考に、みなさんが分析しようとしているデータに当てはまるものがないかを確認してみてください。

185

8-1 データソース結合時のフォーマット確認作業

　データを入手すると、1ファイルではなく、複数ファイルであることがほとんどです。例えば、日付や日時がファイル名の場合（日付の例、20180201.csv）、毎日同じフォーマットのデータが取られているでしょう。

　この場合は、日付が古いものから順番に結合すればよいですが、複数の部署からデータが集まってきた場合、フォーマットが異なるケースがほとんどです。例えば、製造を管理している部署のデータや製造した製品の検査をしている部署のデータ、製造した製品の出荷を管理している部署からのデータなど、製造・検査・出荷の各部署でそれぞれの業務に必要なデータが取得されており、フォーマットがすべて違います。

　このようなデータは「キーワード」を使うことで散在したデータを結合できます。例えば、製造時に付与したユニークな製造番号がキーワードになります。製造番号をキーワードに三つのデータを結合することで、この製造番号の製品はどのような環境で製造され、検査結果はどうだったのか、またどこに出荷されたのかを確認できる1ファイルのデータになります。

　この作業は、データを理解した後に分析に必要なデータを厳選したうえでデータの準備工程で実施します。そして、データソースを結合するときに注意する必要があるのがフォーマットです。特に、質的変数や日付のデータに注意が必要です。

　例えば、日付で結合する場合、グローバルに展開している企業の場合には、データも各国に合わせたフォーマットになっています。日本の場合だけ考慮すれば「年月日」の並びになり、「2018/01/01」「2018-01-01」「20180101」といったフォーマットでしょう。しかし、海外のデータが入ってくると「31/01/2018」という「日月年」や「01/31/2018」「月日年」といったデータがあります。日付の

第8章

実践ステップ⑦データのバリューアップ手法

株式会社日立産業制御ソリューションズ

（株）日立産業制御ソリューションズ

（株）日立産業制御ｿﾘｭｰｼｮﾝｽﾞ

Hitachi Industry & Control Solutions, Ltd.

図8-1　同一会社名で表記が異なる例

フォーマットを識別する印があれば変換可能ですが、ない場合には判別できません。

　例えば「02/01/2018」のように日付が01日〜12日の場合は「月日年」なのか「日月年」なのかは判別できません。このようなデータがある場合には業務知識の観点から取り扱いを検討するか、識別不能なデータは分析対象外とするかを検討しましょう。

　また、会社名などのカテゴリー項目で結合する場合には、データが「全角平仮名」「全角カナ」「半角カナ」と同じものでも多様な入力方法があるため注意が必要です。さらに業務知識がないと正しい変換ができない場合もあります。

　例えば、会社名でたとえると正しい書き方以外にも「株式会社」を「（株）」と省略したり、カナが全角と半角での記載があったりします。さらに英語で表記している場合や、企業グループ内でしか通用しない略式名称もあります。このように、同一会社名で異なる表記が混在するデータの場合、適切に変換するのは簡単ではありません（図8-1）。

　もう一つ、データソース結合時に注意することがあります。日時でデータを結合する場合には「日時のずれ」がないかを確認する必要があります。

例えば、ベルトコンベアーのようなラインで製造するパン工場のデータを分析する場合、原料がラインに入ったときのデータや発酵前のデータ、発酵後のデータ、そして焼き上げ後のデータが別々に存在するときにはデータを結合する必要があります。

　しかし、パンには製造番号がついていないかもしれません。この場合、時間をキーワードにして結合することになりますが、単純に時間で結合してはいけません。原料がベルトコンベアーで流れる時間を考慮して結合しなければ正しいデータになりません。

　仮に、原料を投入して発酵工程まで1分かかるのであれば、発酵工程開始のデータは1分戻す必要があります。そして、発酵に3時間かかるのであれば、発酵後のデータは3時間1分戻して結合する必要があります。

　このように、初めに投入した原料が次にデータが取得されるポイントまで何分かかるかを考えて、その分の時間を差し引きします。これにより、製造番号で認識できないような製造ラインにおいてもデータを結合できます。

　データが結合されると、ある時間に投入された原料はどのような環境で発酵され、どのような環境で焼き上げられたのかが分析できるため、失敗したパンがあればどのような環境で製造したときに失敗したのかを分析できるのです。

8-2 　機械などの特性を確認し考慮する作業

　近年の産業においてはIoT化が進み、新しい機械のほとんどがインターネットとつながり、センサーで取得された情報も活用できます。例えば、自動車の組み立てにおいてもプレス機械や溶接ロボット、そして塗装ロボットや組み立てロボットのすべてにおいて情報が取得されています。

　このような機械およびロボットが取得するデータは機械のタイプ

ごとに異なるのはもちろんですが、同じような機械があったとしても製造メーカーごとに仕様は異なります。そのため、IoT機械については機械の仕様を把握する必要があります。IoT機械はセンサーで取得した情報をネットワーク経由で送信しますが、データ取得側の都合とは別に動作しています。ラインでの生産数を取得するセンサーに電源が入っていれば、生産を停止してもデータを取り続けます。

例えば、毎分決まった個数の乾電池を生産する製造ラインがある場合、生産を停止すると生産開始までは生産数は「0」になります。しかし、生産を開始しても部品が流れてくるまでにタイムラグがあるので生産数は「0」のままです。部品が流れてきても、安定した生産数に達するまでにもタイムラグがあります。つまり、故障して生産が止まっている部分の原因を分析すると通常の停止状態とAIは判別できないため、誤った分析結果になることが予想されます。このような場合には該当する箇所、つまり「正常にラインを停止し、安定稼動するまでの区間」のデータを削除します（**図8-2**）。なお、機械の仕様によっては生産している時間帯しかデータを取得できないという機械もあるかもしれませんので機械の仕様は確認しましょう。

同様な問題がIoT機械の電子回路にもあります。IoT機械で電流や電圧といった情報を取得している場合、電源投入時やノイズに干渉したときに波形が崩れる場合があります。電源投入時には突入電流と呼ばれる定常電流値を超えた大きな電流が流れることがあります。つまり、このような現象が起きているデータも分析の目的によっては外したほうがよいのです。

また、センサーによっては不可解な値を取得するものもあります。鉄板の厚みを測定するセンサーの場合では製品を製造していない期間でも「0」ではない値を取得しているものがありました。この機械の場合には厚みを計るセンサーの問題で「0」の場合には数mmやマイナスの値が取得されていました。このような場合には

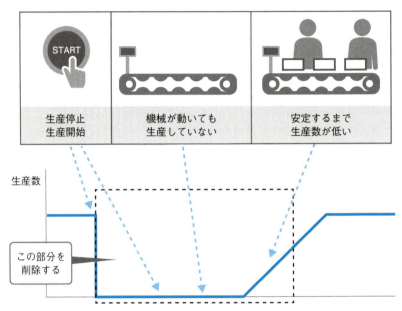

図8-2　機械の状態で生産数が変化している

データを可視化し、1cm以下の値はすべて「0」に補正するということをしました。IoT機械は多くの製品がありますが、分析対象としたい機械についてはマニュアルなどを読んで製品の仕様について確認するようにしましょう。

8-3　業務時間や機械の稼働時間を確認する作業

「ランチで使う金額の平均はいくらか」と考えたとき、忙しくてランチが取れなかったという日もあります。このとき、ランチを取っていない日を「0円」として計算に入れると平均金額が大幅に下がります。そのような場合には該当する日のデータは削除して計算します。

同じように生産現場でも生産数が「0」のデータは機械が故障していた場合以外に、機械が停止していた場合も含まれます。そこ

で、機械を停止していた期間は何時なのかを明確にしてデータと関連づける必要があります。膨大な数値のデータは目で見ても大変なので、必ず可視化しましょう。可視化したグラフを見て、生産数が「0」になっている箇所をリストアップし、仕事の運用カレンダーや運用時間を確認しながら分析対象とするか確認しましょう。

このように、分析作業を行う場合には、現場の業務知識が密接にかかわってきます。できるだけ多くの有識者を交えて分析作業を進めることが成功の第一歩といえるでしょう。

8-4　入力ルールを確認する作業

日報データのように人が入力するデータには入力者の手間を省くためのルールが存在することがあります。よくあるルールとしては、値が変わったときだけ入力するというルールです。このようなルールを知らずにただの欠損値と同じようにレコードを削除すると、ほとんどのレコードが失われてしまいます。このように入力データの運用ルールを確認することで、「欠損値の場合は一つ前の値を入れる」という加工をデータの準備で行うことによってデータの価値が上がります（**図8-3**）。

入力の方法（決め事）

日時	室温
11:00	26.5
12:00	
13:00	
14:00	
15:00	26.4

入力の手間を省くため、数値が変わったときだけ入力している

図8-3　特殊な運用ルール

また、データの理解ではデータの検査を行いますが、このときに不正な値がないかを確認します。不正な値とは量的変数である項目に文字列が入っている場合などです。よくあるパターンとしては小数点を含めた数値を入力するような項目です。

　例えば、温度を入力する場合「25.5」といった数値を入力しなければなりませんが、「25..5」といったように小数点が多い場合や「255」のように小数点を忘れている場合があります。このような場合は修正できるのであれば修正しますが、数十万レコードのうち1％が該当するといった場合には修正する作業量と1％のレコードを削除することの影響を天秤にかけて検討しましょう。

8-5 　データを変換する作業

　音や振動データ、または回転運動といった周期的なデータの場合には、生データよりも変換して分析するとよい場合が多くあります。一般的な変換方法として「フーリエ変換」があります。音や振動データは時系列による電圧の変化を表したものですが、フーリエ変換を行うことで周波数成分に分解できます。

　例えば、音を分析する場合には、録音したデータを使用しますが、録音したデータは秒やミリ秒の単位で長さが違います。このように長さが固定ではないデータの場合は、分析の難易度も上がります（図8-4）。

　そこでフーリエ変換を使用して「周波数スペクトルデータ」と呼ばれる、周波数ごとの強さを表すデータに変換します。これによって決まったヘルツ幅のデータ、例えば1Hzから500Hzまでのスペクトルに変換すると、すべての音のデータは500個のデータとなり固定サイズになります。さらに、周波数の成分ごとにデータが変換されるため特徴も捉えやすくなり、AIが分析しやすいデータになります。

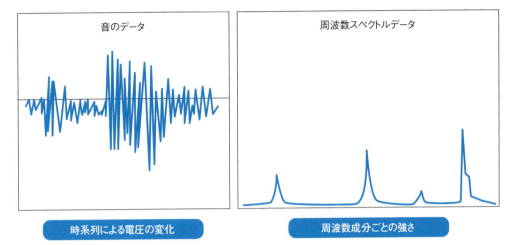

図8-4　音や振動のデータと周波数成分データ

　また、経済のデータでは成長率や株価指数といった起点からどのくらい伸びたかといった指標であったり弾力性を表したりするケースが多くあります。こうしたケースでは「指数変換」がよく使われます。

　それぞれの業務分野でよく使われる変換方法があるので、業務知識に合わせて変換方法を活用することを考えましょう。

8-6　ばらつくデータや季節性を考える作業

　株価データのように可視化すると変化が激しいデータの場合には、移動平均を使うと動きが分かりやすくなります。動きが分かりやすくなるだけではなく、元のチャートと移動平均チャートを重ね合わせると予測にも使えるようになります。

　データによっては「季節変動」がある場合があります。季節変動とは日本の四季のように1年を通して決まった動きがある事象です。特に消費は季節変動に大きく影響を受けます。夏はビールやアイスクリーム、そしてエアコンや扇風機といったものが考えられま

す。冬は暖房器具、梅雨時には傘などがあります。

　また、季節以外でも暦や社会の制度から受ける影響もあるでしょう。「お中元」や「お歳暮」といった時期です。さらに歓迎会や送別会といった時期も考えられます。このようなデータを見ると、当たり前に消費が上がる部分と下がる部分に気をとられ、正しく分析できないこともあります。季節変動を取り除けば、季節変動をなくした後の特徴が抽出できることもあります。そこで、季節変動を取り除くには、変動周期に合わせた移動平均をとります。

　季節変動を考慮した方法として、モデリングの中で行うものもあります。「5-5 データのフォーマット変換」でダミーコード化を説明しましたが、回帰分析の場合に、このダミーコード化を使用して季節変動の説明変数である「季節ダミーコード」を作り、季節変動を考慮した回帰分析が行えます（**図8-5**）。この例では春夏秋冬の季節フラグ項目を作成し、冗長となる冬の項目を削除しています。

月	ビールの消費	春	夏	秋
4月	XXX円	1	0	0
5月	XXX円	1	0	0
6月	XXX円	1	0	0
7月	XXX円	0	1	0
8月	XXX円	0	1	0
9月	XXX円	0	1	0
10月	XXX円	0	0	1

図8-5　季節ダミーコードの作成

8-7 目的変数を作る作業

　第5章の「5-3 データの構築」で、説明変数は業務知識を基に新たに作成することも必要だと述べました。それは目的変数でも同じです。分析する目的によっては目的変数がない場合があるからです。

　例えば、生産性が下がる要因の分析といった場合、「生産性が低下している」といったデータはまずありません。そこで、「生産数低下」の定義を最初に決めます。「1分間の生産数が5以下の場合」といった形です（**図8-6**）。

　このように目的変数を作成する定義が決まればデータを加工し、目的変数を作成できます。目的変数がない場合にはクラスター分析などの分類モデルによる分析になりますが、業務データを理解し目的変数が生成できれば多種多様なモデリング手法で分析できるようになります。

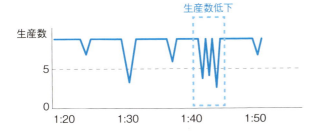

図8-6　生産数低下フラグの作成

経験から得た現場ノウハウ

やっぱり数学は必要？

　AIの勉強をすると基礎となる統計学の勉強から入ります。そして、統計学を勉強すると必ず出てくるのは数式です。しかし、数学が苦手な人にとってはΣ（シグマ）やΠ（パイ）∫（インテグラル）などが入っているだけで見る気がなくなります。せっかく本書を手にとって分析の世界に踏み込んだのですから少し数式に触れてみましょう。ここで第4章で使う数式を見てみます。平均はxの一つめ、二つめとn個まで足して総数のnで割ります。これをすべて加算する記号であるΣを使うと右の式になります。

$$\text{平均（母平均）} \quad \mu = \frac{1}{n}(x_1 + x_2 + \ldots x_n) \quad \Longrightarrow \quad \mu = \frac{1}{n}\sum_{i=1}^{n} x_i$$

xは1番めからn番めまでの総加算（全部足す）

　分散は平均のシグマの右の式が少し変わっただけです。なお、ここでは式をシンプルに説明するため、本書内で説明した不偏分散ではなく総数で割った母分散の式にします。分散は二乗した値であるため数値が大きくなり単位が変わっています。そこで平方根を使って元に戻したものが標準偏差です。

$$\text{分散（母分散）} \quad \sigma^2 = \frac{1}{n}\sum_{i=1}^{n}(x_i - \mu)^2 \quad \longleftarrow \text{平均との差を二乗}$$

$$\text{標準偏差} \quad \sigma = \sqrt{\frac{1}{n}\sum_{i=1}^{n}(x_i - \mu)^2} \quad \longleftarrow \text{ルートを使っただけ}$$

　このように取っつきにくい数式も「二乗した」、「ルートを使った」といった式の変化を見ていくと理解しやすいかと思います。

第8章

実践ステップ⑦データのバリューアップ手法

■ バリューアップの手法はアイデア次第

　本章を読んで「なんでこんな面倒な作業がいるの?」、「AIはデータを与えると何かすごい特徴を出してくれるのでしょ?」と考える人も多いでしょう。しかし、現在のAIはまだまだ「特定」の問題に特化したものになっているのが実情です。この「特定」というのが「何を分析するのか」です。「配管の画像を認識するAI」や「ゲームの次の手を予測するAI」といったものです。「機械の稼働パターンを分類する」という分析をする場合には、データをそのまま投入してもよいでしょうが、「故障したときの原因分析」となれば、正常に停止していたデータを分析対象外にしなければAIは正常に停止していた箇所も異常に停止していた箇所と同じと考えて分析してしまいます。

　このように、現在のAIの仕組みを理解することで、AIに与えるデータはどのようなデータでなければならないかが分かります。そのため、本書ではバリューアップ手法のみではなく、モデリング手法も説明しています。バリューアップ手法は地道な作業ですが、苦労のあかつきにはビジネスに有益な結果をもたらすでしょう。バリューアップ手法はアイデア次第で無限にありますので、いろいろな手法を探してみてください。

⠿ 本章のまとめ

- バリューアップ作業はAIに最適なデータを与えるための作業
- バリューアップ作業によりデータの価値を見出す
- バリューアップ手法はアイデア次第で無限にある

付　録

データ分析ソフト「KNIME」の使い方

本書では、オープンソースのデータ分析ソフト「KNIME」を利用して実践的な内容を解説しています。KNIMEは無償で利用でき、Windows、macOS、Linux上で動作します。

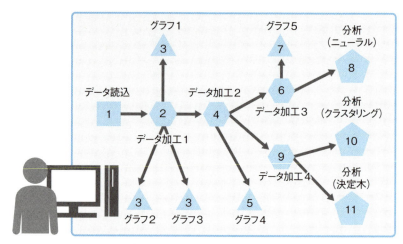

図A-1　フロー図によるデータ分析ソフト

　こうしたソフトを使う目的は、ブラックボックスになりがちなアナリストの思考プロセスを可視化することです（**図A-1**）。可視化によってアナリストが考えた処理の流れや内容を相手に説明しやすくなります（**図A-2**）。

　また、可視化したワークフローはファイルに保存できます。再利用性が高まるとともにノウハウが蓄積され、分析チーム内での生産性が向上します。保存したファイルを使ってWindows、macOS、Linuxのそれぞれのタスクスケジュール機能を使用して起動すれば、分析処理を自動化できます。

付録

データ分析ソフト「KNIME」の使い方

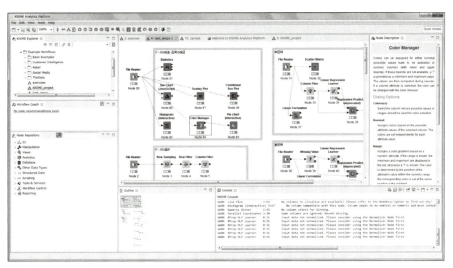

図A-2　KNIMEの画面

　KNIMEの導入には、まずKNIMEのサイト（https://www.knime.com/）からインストールモジュールをダウンロードします。「Download now」から、登録情報を記入し、自分のOS環境に合ったモジュールをダウンロードします。Windows（32ビット）用で約400Mバイトです。Windows版であれば、そのままダブルクリックでインストールしますが、各種OSの環境に合わせてインストールします。なお、筆者はKNIME使用時に発生する問題に対するサポートを提供していません。自己責任にてご利用ください。

KNIMEの基本操作

　ここからはKNIMEの基本的な使い方を説明します。本書ではWindows 7用「KNIME Version3.5.3」で説明します。

　KNIMEをインストールするとデスクトップにKNIMEのアイコンが表示されます。アイコンをダブルクリックして実行しましょう。KNIMEを起動した後、「Workspace」のフォルダーを指定しま

201

す（図A-3）。作業するファイルを保存する場所になります。

図A-3　保存場所を指定するダイアログ画面

　KNIMEを起動すると作業画面が出てきます（図A-4）。画面内の各エリアについて説明します。

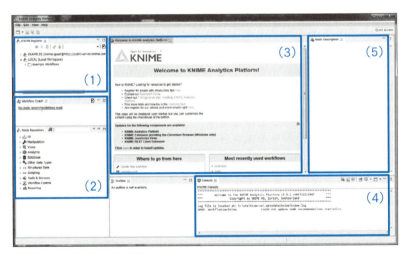

図A-4　KNIMEの画面全体

（1）KNIME Explorer

　図A-4の（1）はKNIME Explorerと呼びます。使用しているワークフローがここに階層で表示されます（図A-5）。新たなワークフローを作成する場合は、ここから操作します。

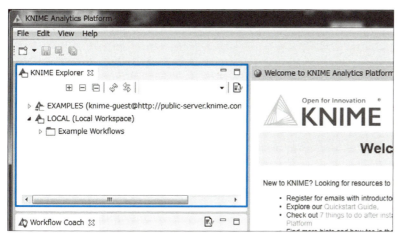

図A-5　KNIME Explorer

「LOCAL」を選択し、マウス右クリックでメニューを表示し「New KNIME Workflow」を選択します（図A-6）。

図A-6　KNIME Explorerでの操作

「Name of the workflow to create:」に任意のワークフロー名を入力します（**図A-7**）。

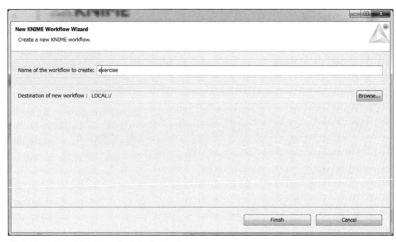

図A-7　ワークフロー名の入力画面

これにより新たな画面が追加されます（**図A-8**）。

図A-8　新規ワークフローが追加された画面

（2）Node Repository

（2）のエリアはNode Repositoryと呼び、使用可能なノードが階層で整理されています（図A-9）。

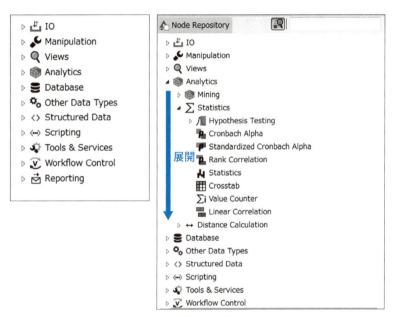

図A-9　Node Repository画面での階層の展開

　ワークフローを作成するには、このNode Repositoryからノードを配置します。ノードとはそれぞれの作業を実行するものです。例えば、ファイルを読み込むノードや、欠損値を加工するノード、分析を行うモデリングのノードといったものがあります。ノードはそれぞれに設定を行います。例えば、ファイルを読み込むノードの場合は「どのファイルを読み込むか」、「データの1行めに項目名があるか」といった設定です。この設定は、それぞれのノードによって異なります。分析に当たっては、配置したいノードを選択しダブルクリック、またはドラッグアンドドロップで配置します（図A-10）。

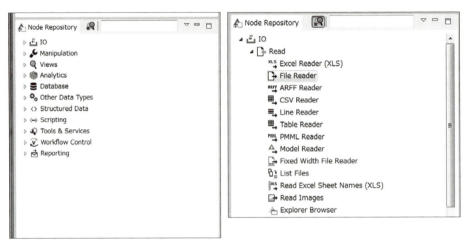

図A-10　Node Repository画面でのノードの選択

なお、ノード名称が分かっている場合には、検索画面で文字列を入力すると対象のノードの一覧が表示されます。この状態でノードを選択し、配置することも可能です（図A-11）。

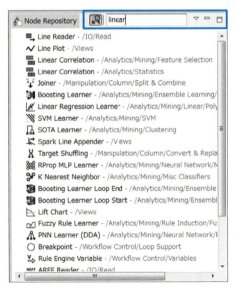

図A-11　検索によるNode Repository一覧画面

（3）ワークフロー画面

（3）のエリアは、ワークフロー画面です。ここで、ノードを配置し、接続して分析用のワークフローを作成します（図A-12）。

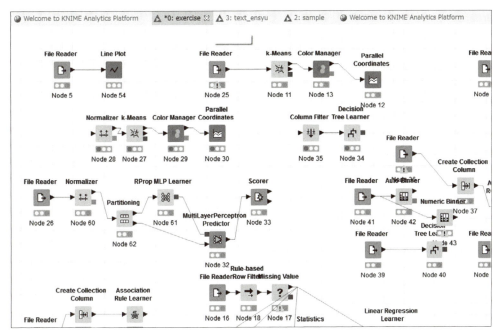

図A-12　ワークフロー画面

（4）コンソール画面

（4）のエリアは、コンソール画面です。実行時のエラーや警告メッセージが表示されます。実行しても結果が表示されない場合やノードの信号が青にならない場合には、このコンソール画面にエラーメッセージが表示されています（図A-13）。メッセージの内容に従い、対処しましょう。

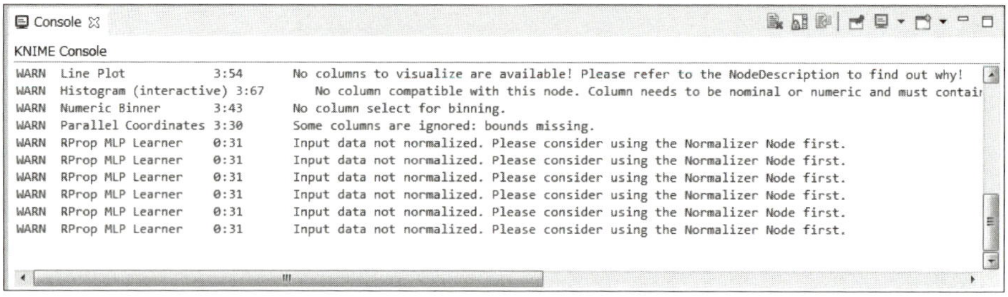

図A-13　コンソール画面

（5）Node説明画面

(5)のエリアは、Node説明画面です。Node Repository画面やワークフロー画面でノードをクリックするとこの画面に説明が表示されます（図A-14）。

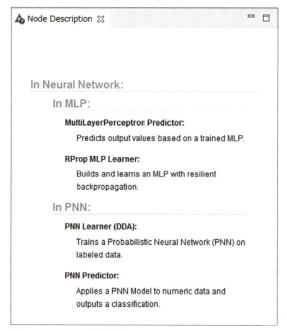

図A-14　Node説明画面

ワークフローの作成

それではワークフロー画面にワークフローを作成する手順を説明します。

データファイルを読み込むFile Readerノードを配置する場合は「Node Repository」の「IO」-「Read」からFile Readerノードを選択し、ノードをダブルクリックかドラッグアンドドロップします（図A-15）。

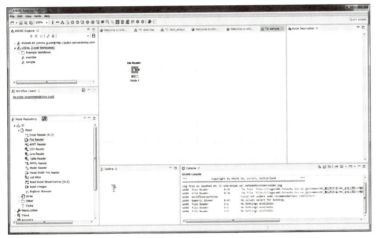

図A-15　File Readerノードをワークフロー画面に配置

配置するとアイコンの信号が赤になっています。これはまだ設定をしていないという意味です（図A-16）。

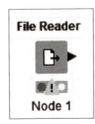

図A-16　ノードの状態（未設定状態）

アイコンをダブルクリックすると設定画面が表示されます(図A-17)。File Readerノードの例では「Browse」をクリックし、入力するデータファイル(ここでは「mikaku.csv」)を選択しています。入力ファイルにヘッダーがある場合は「read column headers」にチェックを入れます。Row IDもある場合には「read row IDs」にチェックを入れます。例では「read column headers」のみにチェックを入れています。

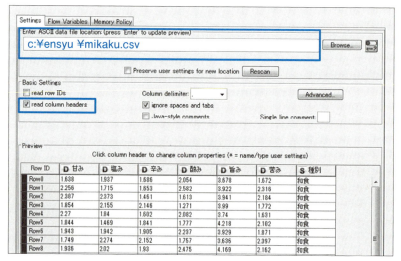

図A-17　File Readerノードの設定画面

設定が終わり「OK」ボタンを押すと信号が黄色に変わります(図A-18)。

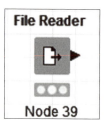

図A-18　ノードの状態(設定ずみ状態)

設定ずみの状態でアイコンを選択し、右クリックでメニューを表示したら「Execute」を選択します（**図A-19**）。

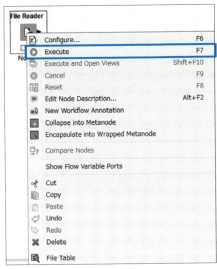

図A-19　Executeメニューの選択

実行時にエラーが発生しなければ信号が青になります（**図A-20**）。

なお、File Readerノードで指定したファイルパスは入力時には「¥」で表示されていますが、再度設定を開くと「バックスラッシュ」に自動的に変わります。

図A-20　ノードの状態（実行完了ずみ状態）

KNIMEを使用する場合には必ず「ノードの配置」、「設定」、「実

行」という作業がセットになります。なお、ノードを配置するとノード名が自動で設定されますが、ノード名称をダブルクリックすると変更できるようになります（図A-21）。作業が分かりやすい名前に変更するとよいでしょう。

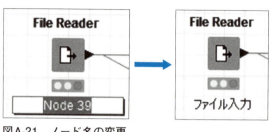

図A-21　ノード名の変更

　ノードが配置されたら、ノードの接続を操作します。接続する元のノードの三角の部分を選択し、接続したい先のノードの三角の部分までマウスでドラッグアンドドロップして線を引きます（図A-22、図A-23）。

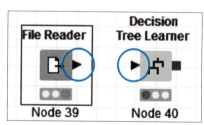

図A-22　ノードの接続（接続前）

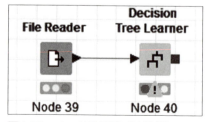

図A-23　ノードの接続（接続後）

線がつながれば次のノードの設定が可能になりますので、設定画面を開いて設定します。

設定が終わると信号が黄色に変わります（図A-24）。

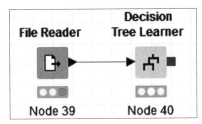

図A-24　ノードの接続（設定後）

設定が終われば実行しましょう。ノードの信号が青信号に変わればワークフローの作成は完了です（図A-25）。

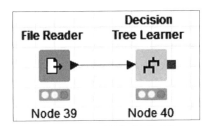

図A-25　ノードの接続（実行後）

実行についてはExecuteだけではなく、モデリングなどの一部のノードについては「Execute and Open Views」という実行方法があります。これは実行後に結果を表示する方法です。アイコン右クリックでメニューを表示したとき、Execute and Open Viewsがある場合にはどちらかを選んで実行しましょう（図A-26）。

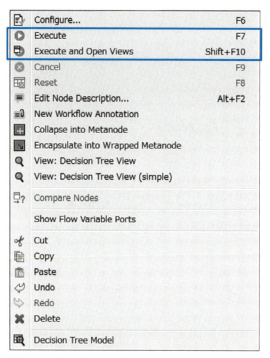

図A-26　実行方法の選択

　一度実行されたノードの結果を見たい場合には、マウスの右クリックからメニューを表示し、「View」などの虫眼鏡のアイコンがついた項目を選択します。ノードの実行結果はメニュー一番下に項目があります。（ここではDecision Tree Model）（図A-27）。

付録
データ分析ソフト「KNIME」の使い方

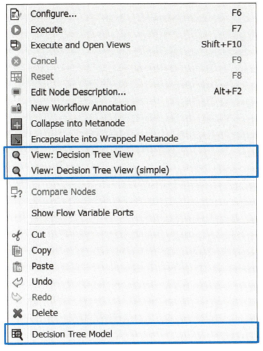

図A-27　実行結果の選択

　ノードの接続線を削除したい場合には、削除したい線の上で右クリックからメニューを表示。ここから「Delete」を選択すると削除されます（図A-28）。

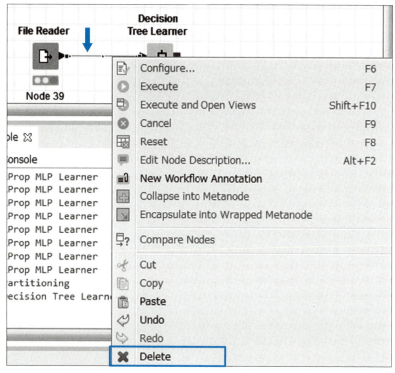

図A-28　接続線の削除

　確認のポップアップ画面が表示されますので「OK」を押しましょう（図A-29）。

図A-29　接続線の削除確認の画面

　接続線が削除されました。削除されると接続先ノードは設定前の状態に戻り、信号が赤になります（図A-30）。

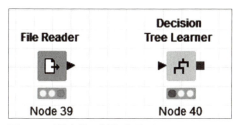

図A-30　関連線の削除確認の画面

　次に、ノードから出ている三角や四角の突起物についてですが、該当するノードをクリックするとNode説明画面に説明が表示されます（図A-31）。

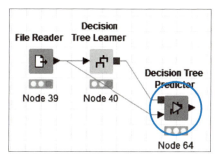
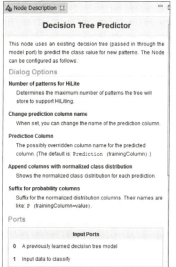

図A-31　Node説明画面

　また、ノードの突起物にマウスポインターを重ねると簡単な説明も表示されるので、参考にするとよいでしょう。図A-32の左の例では、上の四角の突起物は「InputがDecision Tree Model」、つまり「学習済みの決定木モデルを入力してください」という意味です。右の例は、「InputがData to classify」、つまり「分類するデー

タを入力してください」という意味になります。

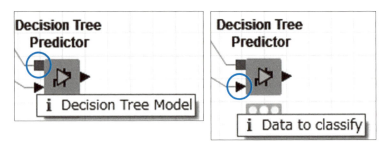

図A-32 マウスをノードの突起に合わせたときの表示

一連のワークフローが作成できたら、ワークフローを保存します。画面左上にセーブアイコンがありますので保存方法に合わせてクリックしましょう（図A-33）。

図A-33 ワークフローの保存方法

KNIMEを終了するには画面のメニューから「File」-「Exit」で終了します（図A-34）。

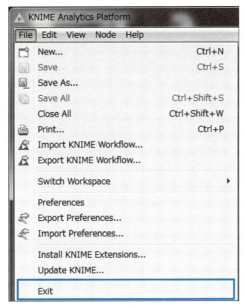

図A-34　KNIMEの終了方法

ノードの種類と使い方

　KNIMEには多くのノードがあります。ここでは、本書で使うノードが配置されているNode Repositoryについて説明します。テキストデータの入力についてはIOのReadにあるFile Readerノードを使用します。またデータベースからの入力に対してはDatabaseノードがあります（図A-35）。

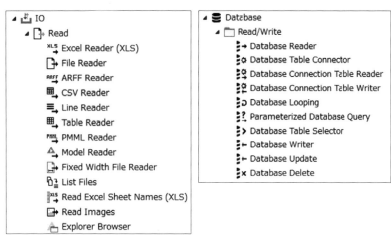

図A-35　IO-Readノード一覧（左）とDatabaseノード一覧（右）

　可視化については「Views」から選択します（**図A-36**）。Node説明画面を活用しながら実際に接続して結果を見てみるとよいでしょう。

図A-36　Viewsノード一覧

データの操作については「Manipulation」から選択します。カラム（項目）を操作する場合はManipulationの「Column」から選択します。例えば、不要な項目を削除したい場合にはManipulationの「Filter」にある「Column Filter」を使用します（図A-37）。

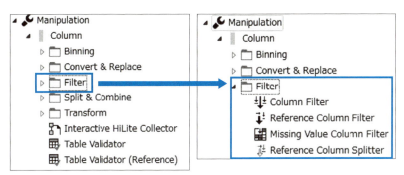

図A-37　Manipulation-Columnノード一覧（左）とFilterノード一覧の展開（右）

同じくManipulationの中には「Split & Combine」という分類があります。ここにある「Joiner」などはテーブルの結合に使います。そして「Binning」の中には「Numeric Binner」というノードもあります。これは量的データを質的データに変換するときに使います。例えば、数字のデータを「0から10を小・11から20を中・21から30を大」といった形式に変換できます（図A-38）。

221

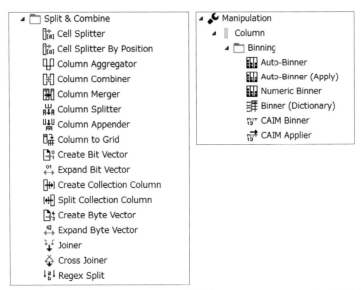

図A-38　Split & Combineノード一覧（左）とBinningノード一覧の展開（右）

「Transform」の中には「One to Many」といったものもあります。これは質的変数を量的変数に変換するときに使います（図A-39）。

図A-39　Transformノード一覧

レコードを操作する場合はManipulationの「Row」から選択します。例えば、「Filter」の中の「Rule-based Row Filter」はAの項目の値がX以上のレコードを削除するといった処理ができます（**図A-40**）。

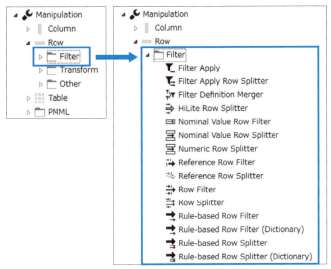

図A-40　Manipulation-Rowノード（左）とFilterノード一覧の展開（右）

データの統計量を見る場合には「Analytics」一覧の中にある「Statistics」を使用します。Statisticsノードでは基本的な統計量を算出できます（**図A-41**）。

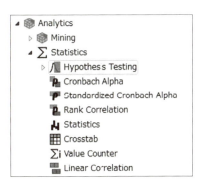

図A-41　Statisticsノード一覧

モデリングについては、Analytics一覧の中にある「Mining」を使用します。Miningの中にはそれぞれの分析モデルごとに階層があり、学習ノードと予測ノードなどが配置されています。Neural Networkの例で説明すると、学習モデルを使用して予測を行うMultiLayer Perceptron Predictorノードと、学習してモデルを作成するRProp MLP Leanerノードがあります（図A-42）。

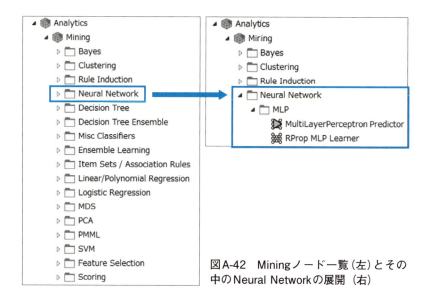

図A-42　Miningノード一覧（左）とその中のNeural Networkの展開（右）

　Miningノード一覧の中には予測結果の精度を見る「Scoring」があります。Scoringノードには分類での精度を見る「Scorer」や数値予測での精度を見る「Numeric Scorer」があります（図A-43）。

付録
データ分析ソフト「KNIME」の使い方

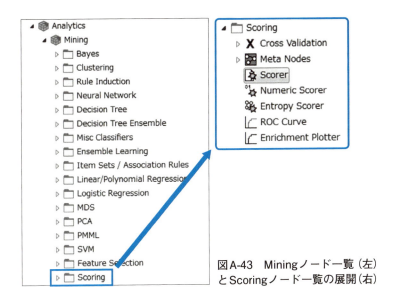

図A-43 Miningノード一覧（左）とScoringノード一覧の展開（右）

　最後に、各種ノードを使って分析する場合の標準的なワークフロー例を、図A-44に示します。

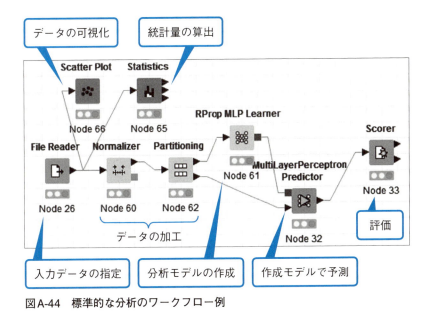

図A-44 標準的な分析のワークフロー例

おわりに

　最後までお読みいただき、ありがとうございます。高齢化の加速や都市化の進展といった昨今の社会潮流の中で、労働力不足やインフラ老朽化などの社会課題が顕在化してきました。この社会課題に対し、デジタル化技術を活用し、人と設備、現場と経営などがつながり解決していく姿を、私たちは「つながる社会」と呼んでいます。日立産業制御ソリューションズは、「新たな価値創造で拓く『つながる社会』」をスローガンに「IT×OT×プロダクツ×エンベデッド」の技術の掛け算で社会課題の解決に取り組んできました。この取り組みの中で、本書の著者「AI＆ビッグデータソリューションセンタ」は、多くのデータ利活用プロジェクトに携わりながら、IoTの発達に伴うデータの量的・質的変化を肌で感じてきました。その際、収集データから思うような発見を得られず苦労したり、膨大なデータ量が情報システム費用を圧迫し、導入効果が下がるケースがありました。

　このような背景から、従来の前処理を拡張した「IoT時代のデータ前処理」の必要性に着目し、これをデータの価値を高めるバリューアップと称して、データ前処理の技術と生産性を高めていくことで、データ利活用プロジェクトに貢献してきました。また昨今、データ分析人材の不足が課題となっており、バリューアップの勘所と実践的なノウハウをお伝えするセミナーを提供することで、人材育成に対するご要望に応えています。

　本セミナーは、当センタのデータアナリストが講師を担当し、バリューアップ手法の使い方を含む、データ分析の勘所を5日間に凝縮したカリキュラムとなっています。前半3日間で、データアナリストが実際のデータ利活用で最もよく使う手法や考え方を学びます。4、5日めは、実プロジェクトの流れ（取得データの前処理からAI評価まで）を疑似体験いただくケーススタディとなっており、

前半3日間で学んだ内容をプロジェクトの一員となって活用することで、学びの定着を図ります。

　本書は、このデータ分析セミナーの前半3日間でお伝えしている、データ分析の勘所や、よく使うノウハウを手軽に学べるよう構成しました。本書が、みなさまのデータ利活用の第一歩や、悩みやつまずきの解決につながることを期待しております。

謝辞

　本書の執筆において、経営視点でのデータの利活用について、的確なご助言・ご指導くださった早稲田大学大学院 創造理工学研究科 経営デザイン専攻の光國光七郎特任教授に感謝の意を表します。また、人財育成の観点でご助言をいただいた日立インフォメーションアカデミー（データサイエンティスト協会スキル委員）の大黒健一様に心より感謝いたします。

　そして、本書の編集を担当いただいた日経BP総研イノベーションICTラボ 上席研究員の森側真一氏には、著者が伝えたいデータ前処理の重要性と専門的になりがちなその手法を、わかりやすく伝える編集技術とアドバイスにて、多大なるご支援をいただき感謝の念にたえません。本書の出版に携わった関係者のみなさん、本当にありがとうございました。

株式会社 日立産業制御ソリューションズ

取締役社長　木村 亨

■索引

A
AIC ······ 171
AIにとって都合の良いデータ形式 ······ 34
Association Rule Learnerノード ······ 164

B
BIC ······ 171
Box Plotノード ······ 67

C
C4.5 ······ 153
CART ······ 153
Color Managerノード ······ 136
Create Collection Columnノード ······ 163
CRISP-DM ······ 36

D
Decision Tree Learnerノード ······ 155

F
File Readerノード ······ 209

H
Histogramノード ······ 66

I
IoT機械 ······ 189

K
k-Meansクラスター分析 ······ 130
k-Meansノード ······ 134
KNIME ······ 62
KNIME Explorer ······ 202

L
Line Plotノード ······ 65
Linear Regression Learnerノード ······ 108
Logistic Regression Learnerノード ······ 122
Logistic Regression Predictorノード ······ 126

M
MAE ······ 171
Math Formula ノード ······ 125
Missing Valueノード ······ 91
MultiLayerPerceptron Predictorノード ······ 145

N
Node Repository ······ 205,219
Node説明画面 ······ 208

N
Normalizerノード ······ 133
Numeric Binnerノード ······ 221

P
Parallel Coordinatesノード ······ 136
Partitioningノード ······ 147
PMML4.2 ······ 93
PoC（概念検証） ······ 29
p値（有意確率） ······ 104

R
R2乗値 ······ 103
Regression Predictorノード ······ 114
RMSE ······ 173
ROC曲線 ······ 158
RProp MLP Learnerノード ······ 144,224
Rule-based Row Filterノード ······ 89

S
Scorerノード ······ 126
Statisticsノード ······ 86

V
VIF ······ 105

W
Workspace ······ 201

あ
アイスが売れるほど水難事故が増える？ ······ 166
アソシエーションモデル ······ 159
異常値 ······ 40,56,73,84
移動平均 ······ 52
枝刈り ······ 154
オートシェイプ ······ 41
オープンデータ ······ 45,138
オッズ比 ······ 119
終わりのない可視化分析の罠 ······ 68

か
回帰式 ······ 103
階層型クラスター分析 ······ 129
開票1％で当選確実？ ······ 128
過学習（オーバーフィッティング） ······ 29,43
学習データ ······ 170
学習モデル ······ 142,170

228

確信度	161	周波数スペクトルデータ	192
可視化だけでも見えることは多くある	69	集約	74
加重平均	52	出力層	140
カテゴリー結合	61	状態変化	14
機械学習	43,99	信頼区間	128
季節ダミーコード	194	信頼度	128
季節変動	193	正規分布	56
帰無仮説	104	正則化	43
教師あり学習	43	正の相関	76
教師なし学習	43	製品不良率の改善	14
距離	74	設備の劣化予測	10
クラスターのサイズ	131	説明	98
クラスタープロファイリングの妥当性	131	説明変数	98
クラスターモデル	129	線形回帰モデル	102
欠損値	40,73,91	層化抽出法	76
決定木モデル	152	相加平均	50
決定係数	103	相関係数	76
検証データ	170		
後方伝播（バックプロパゲーション）	141	**た**	
コンソール画面	207	対立仮説	104
混同行列	173	多項ロジスティック回帰モデル	118
		多重共線性	105
さ		ダミーコード化	82
最小2乗法	102	単回帰	104
最適化の目標は人それぞれ	151	中央値	50
最頻値	50	中心極限定理	52
サンプリング	74	チョコ停の予兆診断	16
支持度	160	月足チャート	74
指数変換	193	ディープラーニング	99
質	23	停止条件	141
質的尺度	59	データ	21
質的変数	42	データ加工	26
自動化	153	データが足りない！	138
ジニ係数にご用心	158	データクレンジング	24
ジニ不純度	158	データの構築	78
四分位範囲	54	データ選択リスト	77
週足チャート	74	データソース結合	186
重回帰	104	データ定義書	49
自由度	56	データのクリーニング	77
自由度調整済みR2乗値	104,171	データの統合	79

データの尺度	59
データの準備	36,40,72
データの準備にはアナログな努力がある	41
データの選択	74
データの品質検査	59
データのフォーマット変換	80
データの前処理	20
データの理解	36,39,48,62
データの利活用	20
データ把握	26
データ分析の利用は余裕を持って計画的に	44
データマイニング	33
デシル分析	79
展開	36,45,179
どのようなモデルが良いモデルなのか	178

な

生データ（フィールドデータ）	10,23
二項ロジスティック回帰モデル	118
日時のずれ	187
日中足チャート	74
ニューラルネットワークモデル	139,143
入力層	140
入力ルール	191

は

箱ひげ図	54
バリューアップの手法	26,184
判定文	101
日足チャート	74
非階層型クラスター分析	130
ビジネスの理解	36,37
ヒストグラム	50
評価	45,178
表計算ソフトのスプレッドシートにご用心	95
標準偏差	55
標本	49
標本平均	52
フラグ化	80
フィジビリティスタディーの サンプルデータ期間に要注意！	39

フーリエ変換	192
負の相関	77
プログラマブルロジックコントローラー	27
プロファイリング	44,131,136
分岐基準	153
分散制御システム	27
分散（不偏分散）	54
分析結果	176
分析対象外のデータ	73
分布の視覚化	58
分布の中心傾向	50
分布のばらつき	54
分類	98
平均値	50
変数選択	153
ホールドアウト法	142,147
母集団	49
母平均	52

ま

回りくどい統計的仮説検定	117
目的変数	98
モデリング	36,42,98

や

やっぱり数学は必要？	196
有意	104
予測	98
予測式	101

ら

リフト値	161
量	22
量的尺度	59
量的変数	59
レコメンデーション	33
ロジスティック回帰モデル	118
ロジスティック関数	118

わ

ワークフロー画面	63,207

著者紹介

株式会社 日立産業制御ソリューションズ
AI&ビッグデータソリューションセンタ

日立製作所と五つのグループ会社に分散していた産業分野向け情報制御ソリューションおよびセキュリティシステム事業を集約した企業。主に、産業ソリューション、組込みエンジニアリング、セキュリティ・画像ソリューション、システムエンジニアリングの四つの分野を軸に事業を進めている。産業ソリューションでは、医薬・自動車関連業界のMES（製造実行システム）や化学・食品業界の監視・制御などを中心にソリューション事業を展開する。セキュリティ・画像ソリューションでは、入退管理などのセキュリティや遠隔監視・薬品異物検査などの画像応用コンポーネントとそれらを有機的に組み合わせたソリューションを幅広い分野で提供。組込みエンジニアリングでは、カメラ応用、画像処理、ロボティクス、ネットワーク、機能安全、設計プラットフォーム活用などの高度先進組込み技術をコアとし、国内トップクラスのシェアを持つ。システムエンジニアリングでは、社会・公共・金融などの情報システム分野や、プラントエンジニアリングなどの制御システム分野で、情報技術と制御技術を融合したソリューションやエンジニアリングを提供する。AI&ビッグデータソリューションセンタは、「データ分析をもっと身近に」をビジョンに、データ利活用を支援する部署。「IT×OT×プロダクツ×エンベデッド」の強みをAI&ビッグデータでつなぐ形で社会のイノベーションに貢献する。

監修

齊藤 哲 (さいとう てつ)

日立産業制御ソリューションズ 常務取締役 博士（経営工学）。1957年、富山県生まれ。1981年、慶応義塾大学商学部卒業。2011年、早稲田大学大学院創造理工学研究科経営デザイン専攻修士課程（博士前期課程）修了、2018年、早稲田大学大学院創造理工学研究科経営デザイン専攻博士課程（博士後期課程）修了。1981年、日立製作所入社、2015年より日立産業制御ソリューションズ。製造業を中心に、プロジェクトマネージャとして数多くの企業の業務改革プロジェクトを担当した経験を基に、IoTに対応する情報システム、制御システム、解析エンジニアリングを融合したソリューション事業を推進している。

執筆者

北村 慎吾 (きたむら しんご)

日立産業制御ソリューションズ AI&ビッグデータソリューションセンタ センタ長。1972年、東京都足立区生まれ。1995年、武蔵工業大学（現 東京都市大学）工学部機械工学科卒業。同年、日立産業制御ソリューションズ入社。社会インフラや産業領域において、情報システムの企画・開発、ITコンサルティング業務の経験を経て、AI&ビッグデータ利活用に従事。「データ分析をもっと身近に」をビジョンとして、データ分析サービスを通じた人材育成も推進している。

太田 佳秀 (おおた よしひで)

日立産業制御ソリューションズ AI&ビッグデータソリューションセンタ アナリスト。1969年、愛知県刈谷市生まれ。1991年、八代学院大学（現 神戸国際大学）経済学部卒業。1991年、日立産業制御ソリューションズ入社。証券・金融システムおよび資本市場システムの開発プロジェクトの経験を経て、AI&ビッグデータを利活用した分析業務に従事。分析セミナーも実施し、アナリストの育成を行っている。

コラム執筆者 (AI&ビッグデータソリューションセンタ)

戸田 和典、佐藤 宏一、市毛 麻美子、北村 光一、吉田 順一、加藤 健吉、毛内 俊輔、花岡 駿介、橋本 耕太郎、金杉 美加子

参考文献

松尾 豊 『人工知能は人間を超えるか』 KADOKAWA/中経出版、2015年

大野 治 『IoTで激変する日本型製造業ビジネスモデル』 日刊工業新聞社、2016年

大野 治 『日本型"AI"（人工知能）ビジネスモデル』 日刊工業新聞社、2017年

岡谷 貴之 『深層学習』 講談社、2015年

本橋 智光 『前処理大全』 技術評論社、2018年

松原 望 『はじめよう！統計学超入門』 技術評論社、2011年

涌井 良幸、涌井 貞美 『統計学の図鑑』 技術評論社、2015年

栗原 伸一、丸山 敦史 『統計学図鑑』 オーム社、2017年

栗原 伸一 『入門 統計学－検定から多変量解析・実験計画法まで－』 オーム社、2011年

生田目 崇 『マーケティングのための統計分析』 オーム社、2017年

総務省 『平成27年版 情報通信白書』 日経印刷、2015年

AI、IoTを成功に導く
データ前処理の極意

2018年9月17日　第1版第1刷発行

著　者	日立産業制御ソリューションズ AI&ビッグデータソリューションセンタ
発行者	安達 功
発　行	日経BP社
発　売	日経BPマーケティング
	〒105-8308　東京都港区虎ノ門4-3-12
装　幀	山之口 正和（tobufune）
制　作	松川 直也（日経BPコンサルティング）
イラスト	畠中 美幸
印刷・製本	大日本印刷株式会社

本書の無断複写・複製（コピー等）は著作権法上の例外を除き、禁じられています。購入者以外の第三者による電子
データ化および電子書籍化は、私的使用を含め一切認められていません。
本書籍に関するお問い合わせ、ご連絡は下記にて承ります。
http://nkbp.jp/booksQA

© Hitachi Industry & Control Solutions, Ltd. 2018
Printed in Japan
ISBN 978-4-8222-9265-2